叶子妈妈讲科学故事科普丛书

外星人阿呆玩转物理

郭康乐 编著

序

党的十九大提出我国已从高速增长阶段转向高质量发展阶段。中国经济正处在新旧动能转换的关键阶段，以技术创新为引领，以新技术、新产业、新业态、新模式为核心，以知识、技术、信息、数据等新生产要素为支撑的经济发展新动能正在形成。

可以预见，未来在大数据、人工智能、高超音速以及生物技术等战略科技领域，正在快速发展的中国企业肯定会加快自主创新，提升科技实力，这不仅是当代科研工作者责无旁贷的历史使命，更需要一代一代的“后浪”们立志投身科技创新。激发青少年的科学兴趣，提升全民科学素养，对实施科教兴国战略、人才强国战略和可持续发展战略具有重要的决定性作用。但是，从中国科普研究所的一项近期调查来看，作为科普源头的科普创作人力资源尤其捉襟见肘。

在此背景下，郭康乐女士以学科知识体系为基础，生动形象地演绎了一系列的科学故事，并将其系统性地整理为“叶子妈妈讲科学故事科普丛书”。她基于自己多年的育儿经验，撰写和录制了“有声图书”，开发了“叶子妈妈”和“阿呆”两个人物形象，特别是在《外星人阿呆引爆化学》中，用随处可见的日常生活场景，围绕“化学与饮食”“化学与药物”以及“化学与环境”等多个主题，通过“阿呆”和“叶子妈妈”有趣的情景对话深入浅出地讲解科学知识。

这套科普丛书尝试了目前市面上多数儿童科普读物少有尝试的新方式、新内容，将物理、化学等基础科学的科普知识向前推进，从儿童抓起，极具挑战性。同时，作者别出心裁，创新性地将手绘、故事和音频等相结合，目的是让更多的儿童关注生活、关注科学，激发科学兴趣、培养科学爱好。该套丛书出版后音频将全部免费对公众开放，有助于科学知识的传播。

这套丛书科学性与趣味性结合、公益性与科普性融合，极其符合我国趣味科普的文化政策，为国内儿童新式科普读物提供了新的表现形式。我很愿意推荐其出版发行。

陈彬

北京师范大学 教授

2020年8月

我是一位二胎妈妈，有两个可爱的孩子——大白和小黑，同时我也是一位忙碌的金融行业从业者，工作上常会加班、开会、培训以及出差。

2016年，小黑出生了。教育公众号上说，孩子三岁前最需要妈妈的陪伴，这种陪伴的重要性是任何东西都无法替代的，而我因为种种原因，只能让小黑住在奶奶家。这种迫不得已的分离让我很焦虑。那时候大白也刚刚上小学，课业辅导成了每天新增的任务，不辅导的时候母慈子孝，一辅导就鸡飞狗跳！同时，我产假结束就面临换岗，新业务有新要求，一切需要从头再来。而在这个时间点，我的先生又被公司调去外地工作。

有一次双休日我赶去看小黑，分开的时候他哇哇乱哭，我也跟着一起哭，但最终仍然狠狠心，马不停蹄赶回家准备下周的例会材料。宝宝对不起，妈妈只有一双手，搬起砖就没法抱你，抱你就没法搬砖。

科普小录音就是在那种两难境遇下的产物，初衷是希望用它来代替我，陪伴小黑和大白。我希望遇到加班出差等不在他们身边的时候，他们起码可以听着我的声音入睡。

从最初的录给小黑、大白听，到后来应大白要求放在喜马拉雅平台上给大家听，再到南佳居委会把我的小录音做成了“小课堂”的内容在公众号上予以呈现，小录音一下子引起了轰动，让我收获了许多可爱的小粉丝。

为了吸引孩子们的注意力，我自创了顽皮的外星宝宝"阿呆"这个人物形象。他是玛尔斯星球的"留守儿童"艾达，因为星球能源不足而发生"大地裂"，所以他一不小心从玛尔斯星球穿越到地球上来，然后叶子妈妈收留了他，并开始每天带着他一起讲故事。

目前，叶子妈妈已经完成了物理、化学、语文以及《上下五千年》的专辑录音，正在进行中的还有《四史》。现在呈现给大家的是物理和化学两种。参考已有的儿童科普读物，我将这两本书成体系地设计了一些篇章，物理的包括力学、声学、光学、电和磁以及热与能；化学的包括化学与饮食、化学与药物、化学与美容、化学与环境。因内容诙谐有趣，我一下子变身为"网红女主播"，音频节目点击量高达30.2万！还被上海多家电视台争相报道，包括"二孩妈妈成网红主播，用声音分享快乐""二孩妈妈克服产后焦虑，用声音播撒快乐”“年初一春节档：二孩妈妈变身网红主播，用声音传递知识和温暖”以及”元宵春节档：《我的朋友圈》——治愈自己、分享快乐”，并被上海新闻综合频道评选为“新闻坊年度新闻人物”。

走到今天，我想感谢我的家人，是你们的支持让我能够追逐梦想；我想感谢所有的粉丝，是你们的喜爱让我能在一个个深夜里坚持录音、坚持写作；感谢中国地质大学出版社的编辑们，是你们的耐心、专业让我有信心出版了这套图书；更要感谢我的老同学——中国科学院孙晓蕾教授，是你的热心引荐让书籍得到了学术界的认可从而给了我莫大的鼓舞。

最后，我想说，所有的妈妈都特别伟大，此书献给你们，也献给你们最爱的孩子们！

编著者

2020年10月

玛尔斯星球篇——星球能量不足，艾达急速坠落

“嘟嘟嘟”，这已经是艾达这周第二次听到星球拉警报了。玛尔斯星球因为能量石的过度开采导致能量不足而发出橙色警报。玛尔斯星球自2020年起，就已经出现能量不足的情况，如果三年内不能研发出新的能量体，星球就要灭亡了。但是艾达很开心，因为又可以提前放学了，至于这警报代表什么，他才不想管呢！

艾达一向就是个不肯动脑筋的孩子，此时，他心里想的是赶紧回家吃奶奶做的大汉堡。

坐着智能机器人代步机，又是八分二十二秒，艾达就到了自家的小村庄。和玛尔斯星球上的其他村庄一样，这里几乎已经没有年轻人了，只剩下老人和孩子。年轻人都要么去中心区做生意，要么就去光谷科研区做科研。

艾达的爸爸是个商人，每天忙于买卖各类机器人，妈妈是个科研工作者，艾达自从出生，就被寄养在奶奶家。爸爸妈妈只有在玛尔斯星球一年一度的汉堡节时才会回家待上一周在艾达幼儿时期，每次父母离开他总会哭得死去活来，可是转眼间，艾达已经五岁了，到了上学的年龄，他渐渐已经不在乎和父母的相聚了，他开始有自己的玩伴，有自己的世界。

“嘟嘟嘟”，不知怎么搞的，星球又拉警报了！突然，艾达感到脚下出现了一道裂缝，人一阵眩晕，小村庄突然从眼前消失了，他感到自己正在急速坠落……

地球篇——他是谁？他从哪儿来？

“妈妈，他长得好像外星人啊，他从哪里来？为什么还没有醒？”叶子妈妈没有回答儿子大白一连串的提问，此时她的内心也充满了疑问，这个看上去胖胖的，头上还长着一对触角的小生物，明显和地球人不同。经过刚刚医生的诊断，这个小生物的大脑明显受到了损伤，所以目前还在昏迷中。

“妈妈，你快看，他动了，他醒过来了！”大白兴奋地大叫起来，躺在床上的小可爱明显被吓了一跳，刚刚睁开的眼睛又紧紧地闭上了，身体也不禁瑟瑟发抖。

“别害怕，你现在感觉好点了吗？你叫什么名字呢？”叶子妈妈赶紧温柔地拍拍他，轻声问道。小可爱不出声。大白又像发现了新大陆一样叫起来，“妈妈，他的胳膊上有刻字，好像是英文字母AD。A…D…哦！我知道了！他叫阿呆！这是名字的缩写！”

“阿呆……我是阿呆？”小可爱喃喃自语道。

“你看，我说他叫阿呆吧，他自己也这么说！”大白得意起来。阿呆有点发懵，并不确定那是自己的名字，可是他还没来得及细想，一个穿着白大褂的人就进来了。他和叶子妈妈说，阿呆除了失忆目前体征正常，现在病房很紧张，建议他们立即办理出院手续。叶子妈妈跟大白说：“走吧，我们带他回家！”

叶子妈妈要帮阿呆恢复记忆！

经过短短一周的相处，阿呆就已经完全习惯了在叶子妈妈家里的生活，他还认识了邻居家的小聪聪，一个美丽活泼的女孩子，阿呆特别喜欢跟她一起玩游戏。他还总是缠着叶子妈妈要她做大汉堡，叶子妈妈做的汉堡似乎有种神奇的魔力，阿呆每次吃的时候都会从心底涌上一股幸福的暖流，阿呆觉得超级开心。但是叶子妈妈却很焦虑，她想阿呆的父母找不到自己的孩子应该很担心吧，可是阿呆总想不起自己的名字，也说不清爸爸妈妈是谁，被问得烦了，阿呆会开玩笑说自己是石头缝里蹦出来的，因为他觉得自己的记忆里好像从来没有爸爸妈妈的身影。

叶子妈妈问不出答案，就自己上网查阅各种资料，每次都弄到深更半夜。终于有一天，叶子妈妈看到这样一条消息：2020年4月10日，中国贵州射电望远镜“天眼一号”曾观测到从外太空坠落的可疑陨石。科学家们经过长达一年的研究，终于破译出这个陨石来自火星，里面的成分竟然是一个书包，一套物理故事书以及一些文具。这说明外太空的确有生物存在，而且生物竟然和我们一样也要读书。

2020年4月10日？叶子妈妈心里咯噔一下，“这正是阿呆出现的日子！这块陨石莫非和阿呆有关系？”为了唤起阿呆的记忆，叶子妈妈决定每天和阿呆一起讲物理故事，希望能帮助阿呆尽快找到自己的家。

-号”

“阿呆，你愿意和我一起讲故事吗，我们一起来学习物理，学习力学、声学、光学、电磁学和热学，好吗？”阿呆望着桌上的汉堡出神，情不自禁地点点头，其实他完全没有听清叶子妈妈在说什么，他满脑子想的都是晚上可以吃几个汉堡。

人物关系图

地球

收养

外星

小伙伴

玛尔斯星球

妈妈

阿呆”

爸爸

目 录 CONTENTS

一【力学篇】

二【声学篇】

三【光学篇】

四【电磁篇】

五【热与能】

一、力学篇

在力学篇，叶子妈妈用各种方法帮助阿呆恢复记忆，同时叶子妈妈觉得物理是宇宙中最实用的科学知识之一，只有学好了物理知识，小朋友们才能认识到未知世界的奇妙。因此呀，现在我们就一起跟随叶子妈妈的故事和录音来学习物理知识中的力学知识吧！

1.头朝下生活（具有魔力的万有引力）

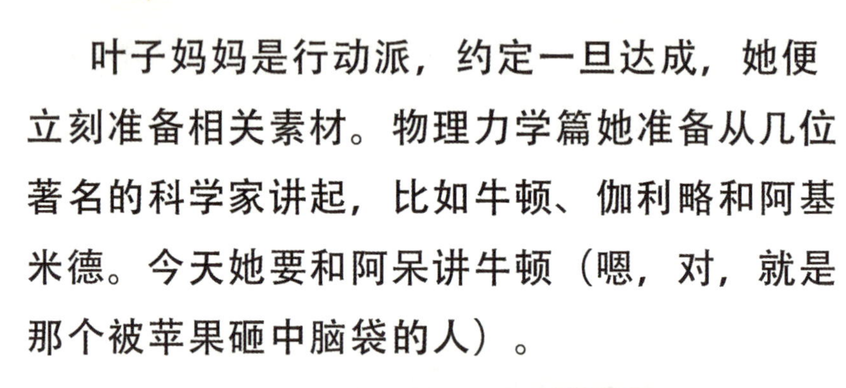

叶子妈妈是行动派，约定一旦达成，她便立刻准备相关素材。物理力学篇她准备从几位著名的科学家讲起，比如牛顿、伽利略和阿基米德。今天她要和阿呆讲牛顿（嗯，对，就是那个被苹果砸中脑袋的人）。

地球

月球

在力学界，牛顿提出了万有引力定律以及惯性定律。“阿呆，快来，我们要开始学习了。”

知识点

宇宙间的一切物体都是互相吸引的，
两个物体间引力的大小，
跟它们的质量乘积成正比，
跟它们距离的平方成反比。

扫码听故事

2.谁偷了阿拉斯加帝王蟹（变化莫测的地球重力）

地球上，叶子妈妈正在给阿呆讲离奇失踪的阿拉斯加帝王蟹，而玛尔斯星球上，面对艾达的离奇失踪，爸爸艾玛百思不得其解。

艾达之前放学不回家，去智能游乐园和模拟机器人玩星球大战，爸爸特地在艾达的智能触角里装了预警装置，只要艾达偏离回家的路线，预警器就会将信号传导至爸爸的触角上，然后爸爸就可以远程呼叫艾达回家。可是为什么艾达失踪那天，他却没有接到信号呢？

扫码听故事

知识点

由于地球的吸引而产生的力，
叫作重力，方向向下指向地心。
重力随纬度变化，
在赤道处最小，在两极最大。

北极（重力大）

赤道（重力小）
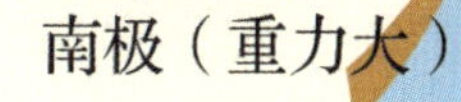
南极（重力大）

3.高空跳伞吓死人（奇妙的失重感）

玛尔斯星球上，妈妈琳达又去了趟艾达的学校，她想再问问老师那天艾达放学后朝哪个方向走了。正好碰到学校在上体育课，一群孩子在玩太空漫步。别看艾达很淘气，其实他是个有轻微恐高症的孩子。每次学校的体育课上只要做极限运动，比如太空漫步，艾达就会吓得抖抖索索。虽然体育老师一再跟艾达强调，他穿着飞翔衣，不会有事的，但艾达就是害怕。有次体育老师实在忍不住，从智能飞机上把艾达踢下去，总算完成了考试。

回到地球上，今天阿呆竟然被吓得尿裤子了！究竟是怎么回事呢？

让我们一起来听一听吧。

扫码听故事

知识点

失重，是指物体受到支持物的支持力小于物体所受重力。

4.无形的助推力（惯性的秘密）

今天是周日，叶子妈妈正在小区里和阿呆讲科学故事。“阿呆，我们讲完了牛顿的万有引力，接下来讲牛顿的惯性定律。你看过火箭发射吗？知道为什么飞船在火箭脱落后仍然能继续飞行，就好像有一只无形的手在推着前进吗？今天就让我们一起来解密这只无形的手。”“好呀好呀，我们也要一起听！”不知不觉在小区游乐中心里玩耍的小朋友们也聚拢了过来。阿呆看到这么多小伙伴也很开心，他要和他们一起做火箭发射的小游戏。

“来吧，让阿呆带着大家坐火箭去外太空。小朋友们，你们准备好了吗？火箭就要发射啦！让我们冲出地球，冲向宇宙！”

知识点

物体在没有受到外力作用时，
总保持匀速直线运动状态或静止状态，
这就是惯性定律，也叫牛顿第一定律。

扫码听故事

5. 逆袭夺命追捕（惯性的大小）

今天叶子妈妈要加班，阿呆趁机从家里翻出两大包薯片和一瓶可乐。此时他正聚精会神地坐在电视机前一边吃薯片一边看动画片，电视里正在上演一个凶神恶煞的大恶魔拼命追捕一个可怜的小矮人的剧情。看他们跑得多快，眼看小矮人就要被大恶魔抓住了！阿呆的心都被揪起来了，“小矮人，快跑，快跑呀！”阿呆喊道。突然小矮人跑到了悬崖边上，无路可退，眼看大恶魔就要抓住他了，可就在这千钧一发之际，小矮人却逆袭了，他最终活了下来，而大恶魔却死了。

想知道到底发生了什么吗？

今天的录音会帮你们解密哦！

扫码听故事

知识点

惯性跟质量紧密相关，

质量越大，惯性越大；

质量越小，惯性越小。

6. 阿呆摔了个嘴啃泥（惯性的作用）

今天又到了讲故事的时间，阿呆却不知道到哪里去了。“阿呆，阿呆，你在哪儿啊？”叶子妈妈喊道。

“我在这里啦，唉呀妈呀，我的屁股呀，呜哩哇啦。”只见阿呆摔了个嘴啃泥。

到底怎么回事？

快来听录音了解一下吧！

知识点

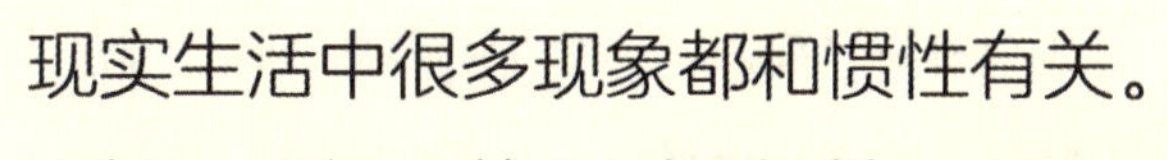

现实生活中很多现象都和惯性有关。用锤子砸钉子就是利用惯性的作用将钉子砸进木板中。

扫码听故事

7. 阿呆再次跳伞（诠释自由落体运动）

叶子妈妈讲完了牛顿的故事，接下来要介绍另外一位科学家——伽利略。

“阿呆，你知道惯性定律最早是谁提出来的吗？”

“不是牛顿吗？”

“不是哦，惯性定律也叫牛顿第一定律，但最早的提出者却是伽利略。牛顿是最终总结了伽利略等人的研究成果，明确概括了这一科学定律。”

“哎呀，那看来伽利略也很厉害哦！”

扫码听故事

“不仅如此，伽利略还揭示了自由落体定律。今天先让我们来介绍一下什么是自由落体。为了讲清楚，我们再让阿呆来一次高空跳伞吧！”

“啊！不要啊！

救命啊！放我下来！”

不受任何阻力，只在重力作用下初速度为零的运动就叫作自由落体运动。

8. 比萨斜塔上的对决（自由落体定律）

“叶子妈妈，你看电视里那座斜斜的高塔上面站了个人，他干嘛站那么高，是要跳楼吗？哎呀呀，斜塔下还聚集了那么多人，他们都在等什么啊？也不知道打电话报警，真是的！”

“阿呆，这是伽利略在做实验呢，著名的比萨斜塔实验。”小朋友们想了解这个实验吗？那就快来听录音吧。

知识点

物体下落的时间
与物体的质量无关。

9. 阿波罗号登月（解密真正的自由落体）

前面两天叶子妈妈和阿呆讲了自由落体定律，讲了物体下落的时间和物体质量无关，所以大铁球和小铁球同时落地。但是今天调皮的阿呆又试了试羽毛和小钢珠，他们却没有同时落地，这到底是怎么回事呢？

想要了解其中的奥秘吗？那就快来听录音吧。

知识点

质量越轻的物体，
受到空气阻力的影响越大，
阻止它下落的力也就越大，
因此掉落速度更慢。

扫码听故事

10.撬起地球的力量（小杠杆带你玩转大世界）

这是阿呆在地球上的第十八天。经过半个多月的相处，叶子妈妈知道阿呆喜欢吃汉堡，喜欢喝可乐，有轻微恐高症，不爱学习爱睡觉等。她仍然没有放弃要帮助阿呆唤起记忆。今天她再一次问阿呆："你记起来爸爸妈妈了吗？你的家在哪里呢？"可是阿呆总是摇头。叶子妈妈只好叹口气，继续介绍新的科学知识——阿基米德的杠杆原理。

阿基米德曾说，给他一个支点，他就能撬起整个地球！

阿呆："哎呀，这个牛皮吹得也太大了吧！"

那阿基米德到底有没有吹牛皮？小朋友还是来听录音了解一下吧。

知识点

在力的作用下，

围绕固定支点转动的坚硬物体叫杠杆。

扫码听故事

11.阿呆牙齿崩掉了（不懂杠杆难享美食）

“阿呆，你怎么了？干吗捂着嘴巴啊？”

“叶子妈妈，我的牙齿崩掉了，呜呜呜，都怪小聪聪！她把我的核桃夹子抢去了！害得我没有夹子，吃核桃时把牙齿崩掉了！”

“哈哈，阿呆你知道吗？核桃夹子也是杠杆，你看杠杆的作用很大吧，

今天我们就来聊一聊生活中的平衡杠杆、省力杠杆和费力杠杆。”

知识点

第一类平衡杠杆，如天平；
第二类省力杠杆，如核桃夹子；
第三类费力杠杆，如筷子。

12.胖子也能和瘦子玩跷跷板（杠杆的应用）

“阿呆，你怎么又胖了啊？该减减肥了！”“嘿嘿，不好意思，最近是太重了。本来我想和小聪聪一起玩跷跷板的，可是却被她嫌弃！她说我太重了，压下去就起不来，都不乐意和我玩了！”

“阿呆，你试过往跷跷板中间靠一靠吗？其实只要改变力臂，就算胖了也可以玩跷跷板的。”“啊？真的吗？叶子妈妈快教我怎么做，我要玩跷跷板！”

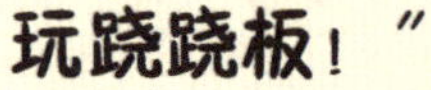

知识点

要使杠杆平衡，

作用在杠杆上的两个力矩大小必须相等，

力矩=质量x距离，

即动力x动力距=阻力x阻力距。

扫码听故事

13. 巧用浮力侦破皇冠案件（浮力定律的应用）

渐渐地，讲故事的日子开始变得有声有色，阿呆好像也没有那么讨厌学习了，甚至还慢慢体会出一点学习的乐趣。叶子妈妈在讲故事的时候，他也会摇晃着他的小脑袋，探头探脑地挤过来看叶子妈妈书桌上的资料。

“阿呆，阿基米德的杠杆原理讲完了，接下来我们要介绍他的浮力定律。”

“咦？这小朋友游泳怎么可以浮在水面上啊！这也太神奇了吧！”

知识点

浸在液体中的物体受到液体对它向上托的力叫浮力。

14.物体为什么会漂浮（浮力和重力的较量）

叶子妈妈今天要讲阿基米德原理，也就是浮力定律，原来浸在液体里的物体除了受到重力的作用还会受到浮力的作用。

为了讲得清楚些，叶子妈妈特地拿来了一艘玩具轮船放在装满水的脸盆里给阿呆做演示。阿呆怔怔地看着玩具轮船，感觉很久很久以前，好像自己曾经拥有过这么一艘轮船。是在什么时候呢？玩具轮船现在又在哪里呢？

阿呆想不起来了，他只是好像看到一个模模糊糊的身影，满头银发，弓着背，噙着泪，满脸慈爱地看着他，手里拿着一艘玩具船……

知识点

浮力定律：

浸在液体里的物体受到向上的浮力，

浮力大小等于物体排开液体所受的重力。

扫码听故事

15.如何称量大象（巧用浮力）

叶子妈妈今天要讲如何为大象这个庞然大物称重。大象这么可爱，你一定不会残忍地把他切开来称量。可是他又那么笨重，我们没有这么大的杆秤啊。该怎么办呢？且听阿呆来解答！

知识点

扫码听故事

曹冲称象：

曹冲利用漂浮在水面上的物体的重力等于水对物体的浮力这一物理原理，解决了称象的难题。

16.徒手抓子弹（帅炸了的摩擦力）

“前面几天我们介绍了牛顿、伽利略、阿基米德三位大科学家，他们的万用引力、惯性定律、自由落体原理、杠杆原理以及浮力定律，阿呆你都记住了吗？”

“似魔鬼的步伐，摩擦摩擦，在这光滑的地上，摩擦摩擦！”“阿呆，你哼哼唧唧的在唱什么啊！”“我最近学的新歌啊，我好喜欢呢！叶子妈妈，可是什么叫摩擦啊？”

“摩擦是指物体和物体紧密接触，来回移动。对啦，摩擦力也是力学的重要分支哦，那我们干脆今天再讲一下摩擦力。”

“什么是摩擦力啊？它也像万有引力一样具有魔力吗？”

“当然，利用摩擦力和相对运动，还可以徒手抓子弹呢！”“哇呜，好酷炫哦，阿呆要仔细听一听！”

知识点

阻碍物体相对运动的力叫作摩擦力。

扫码听故事

17.人为什么可以平稳地走路（摩擦力的产生）

“叶子妈妈，我们昨天讲的徒手抓子弹的故事好酷炫哦！”

“阿呆，我还是要再强调下哦，昨天说的故事啊，是在特定情况下发生的，当子弹飞上高空，经过空气摩擦，速度降为40米/秒，正好跟飞机的速度差不多，所以飞行员才能一抓即中！”

“我知道了，所以小朋友们也不要随便乱抓东西哦，如果没有经过长时间的摩擦，哪怕是一粒小石子砸过来，都会让你呜哩哇啦的！”

那么今天我们还会带来什么好玩的故事呢？欢迎听录音。

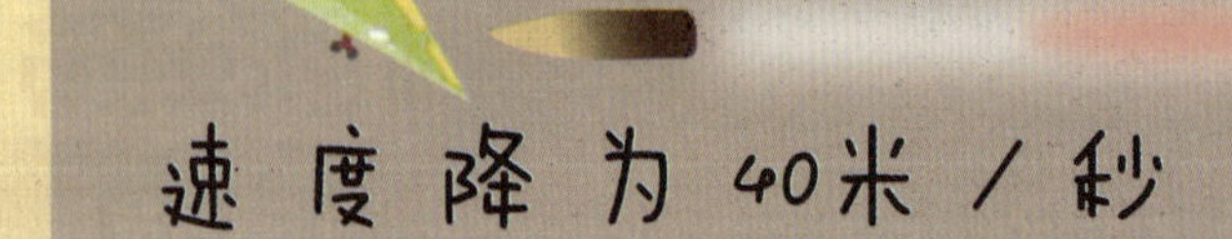

扫码听故事

知识点

如果接触在一起的两个物体间发生了滑动，
产生的就是滑动摩擦力；
如果有滑动趋势但相对静止，
产生的就是静摩擦力。

静摩擦力

18.巧妙的省力（静摩擦力的减小）

“今天我们来讲一讲摩擦力的作用，生活当中处处都需要摩擦力。阿呆，你知道吗？如果没有静摩擦力，你甚至都无法吃你爱吃的汉堡包！”“啊？那可不行！汉堡包，我爱你，我需要你，我不能没有你！如果没有你，世界将失去美好的颜色，我的肚子也会一直咕噜噜咕噜噜地叫个不停！”

“对了，阿呆，你为什么那么爱吃汉堡呢？”“我也不知道啊。”阿呆喃喃自语，但是脑海中却再次浮现出了那个模糊的身影，满头银发，弓着背，噙着泪，满脸慈爱地看着他，手里的玩具船换成了热气腾腾的汉堡包……

知识点

怎样减小摩擦力？

1.减小压力；

2.让接触面光滑；

3.将滑动摩擦改为滚动摩擦。

费 力

省 力

带冰刀的溜冰鞋

减小摩擦力

扫码听故事

光滑的地面减小摩擦力

19.带来欢声笑语的淘气阿呆（力学复习课）

小聪聪

在地球上，不知不觉叶子妈妈已经带着阿呆讲完了有趣的力学课程。今天小聪聪也加入进来，她和阿呆还有叶子妈妈带着小朋友来一次总结复习。复习课上，阿呆又淘气了，惹得叶子妈妈和小聪聪欢声笑语不断。

可是玛尔斯星球上就没有这样岁月静好了，艾达的家又传来争吵声。“都怪你！早跟你说过，孩子这么小，你退下来别搞科研了。你倒好，天天加班，现在孩子失踪了，你哭又有什用？”艾玛冲着琳达怒吼道。“那你呢？你又管过他了吗？这几年星球能量不足，我不投身科研工作，到时候大家都要灭亡！”

“好了好了，你们别吵了，有功夫瞎吵吵，还不如再去找找我的宝贝孙子！”奶奶哭腔里带着请求也带着命令。艾达的父母终于不再说话了，可是他们已经用智能探索仪，也就是他们的触角，搜索了很久，却一直没有搜索到艾达的信号。他们也不知道该怎么办了。

知识点

牛顿的万有引力和惯性定律、
伽利略的自由落体、
阿基米德的杠杆原理和浮力定律。

扫码听故事

二、声学篇

在这一篇，叶子妈妈将带领我们认识声音。如何识别声音？声音是怎么传播的？在这一篇里，我们既可以认识次声波的危害，也可以学习超声波的应用，还可以了解奇妙的回声。那我们就一起来领略声音的奥秘，了解声音的特性，学习声波的应用吧！

1. 闯呆剧透啦（声音的产生）

声波

玛尔斯星球上，新的一天，艾玛和琳达虽然没有再吵架，但是内心还没有和对方和解。“说我不在家看着孩子，我要是天天守在家里，谁出去挣钱？没有钱，怎么养活艾达，怎么给他更好的教育？”爸爸艾玛心里愤愤不平。

而妈妈琳达更是委屈，“这两年玛尔斯星球因为能量石过度开采，已经岌岌可危，如果再不研制出能够拯救星球的能源体，星球就要灭亡了！这个时候，我又怎么能守在家里？”两个人各自有各自的理由，互不相让，但是现在也不是吵架的时候，他们对望了一眼，还是硬着头皮一起去找艾达了。

地球上，叶子妈妈在讲奇妙的声音，阿呆洋洋得意地和小朋友们剧透：“这一章节里，我们要讲很多好玩的故事呢，包括恐怖的鬼屋，无形的杀人凶手，撕裂空气的大爆炸……”阿呆还没讲完，叶子妈妈就赶紧打断他。好啦，小朋友快来听录音，一起先来了解下声音是怎样产生的？

扫码听故事

知识点

声音是由物体的振动产生的。

2. 阿呆的声音独一无二（声音的特性）

“阿呆，你会不会有这种感觉？如果你特别熟悉一个人，哪怕蒙住你的眼睛，不让你看到他（她），但只要他（她）一开口说话，你就能准确地判断他（她）是谁。”

“当然啦，比如小聪聪的声音我就很熟悉啊，都不需要说话，只要她笑一下，从笑声里我都能听出来是她！”阿呆虽然嘴上这么说，心里却腾地响起另外一个苍老的声音，“阿呆，该回家了。”他摇摇头，想着自己怎么幻听了呢！

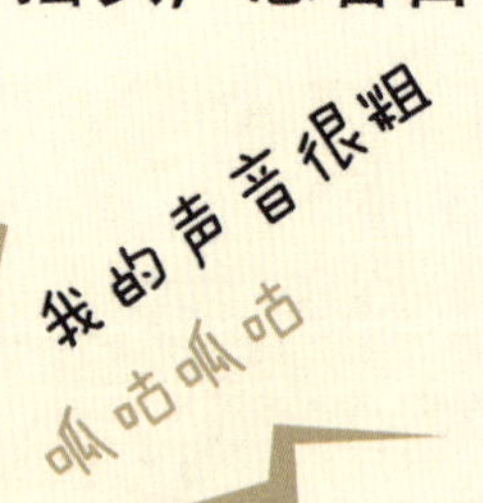

叶子妈妈并没有注意到阿呆一瞬间的失神，她继续说：“所以，声音能够代表你，这就是声音的特性。”

知识点

声音的特性包括音调、响度和音色。
音调指声音的高低，
响度指声音的强弱，
音色是由发声体的材料、结构决定的。

我的声音很优雅

扫码听故事

3. 阿呆变身和尚遇见怪物（共振的奥秘）

玛尔斯星球的夜晚，奶奶在思念艾达，辗转反侧。由于父母常年不在家，艾达是奶奶一手带大的。艾达虽然调皮捣蛋，但和奶奶最亲，奶奶也最疼爱孙子。艾达爱吃学校门口的汉堡包，奶奶怕外面卖的不卫生，隔三岔五就亲自做给他吃，自己就坐在旁边看着小孙子狼吞虎咽，吃得满嘴面包屑，心里就很满足。可是如今，艾达在哪里呢？离开了奶奶，也不知道他能不能吃上热腾腾的汉堡包。

今天一大早，阿呆就嚷嚷着要叶子妈妈给他做汉堡包压惊，原来他昨晚上做了个噩梦，梦见自己穿着一身和尚的衣服，头发也剃光了，而且啊，还在寺庙里碰到了怪物！

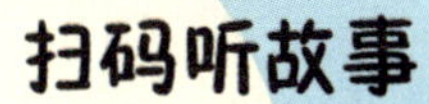

知识点

在共振频率下，
很小的周期振动也可产生很大的振动。

4. 电话是怎么发明的（声音的传播）

前面三天叶子妈妈讲了声音是由于物体振动产生的，还讲了可怕的共振会引发雪崩。所以呢，胆小的阿呆就想在家吃吃汉堡、喝喝可乐，不去跳伞也不去登山。可是小聪聪不想在家，她想去模拟太空探险，于是就拉着阿呆出发去探险，而且临走时，她还在阿呆的宇航服里放了一条毛毛虫！

让我们一起来听录音，看看电话是怎么发明的，声音是怎么传播的吧！

扫码听故事

知识点

电话的工作原理是声音通过振动形成信号，在导线中传播后，将信号还原成声音的过程。

5. 趴在地上听声音（声音的传播速度）

今天，天刚蒙蒙亮，艾达的父母就醒了，彼此相望无语。艾达离奇失踪后，他们最开始是请了一周的假，想着艾达可能调皮躲到什么地方玩去了，几天时间应该可以把他找回来。要知道，艾达以前就是个淘气宝宝，经常像一条哈巴狗一样趴在草丛里和爸爸妈妈躲猫猫，找到他，是因为他总是把屁股撅得老高，还美其名曰自己趴在地上听爸爸妈妈的脚步声。爸爸妈妈还想着等找到艾达，要狠狠地教训他一顿，看他还敢不敢这么淘气！

可是随着时间的推移，他们突然惊慌地意识到，孩子可能不是淘气躲猫猫，而是真的丢了。艾达的父母展开了地毯式的搜索，上班这件之前在他们看来是日常必须做的事情，在不经意间已经被完全遗忘了。他们以前为了赚钱，为了晋升，为了科研成果没日没夜、通宵达旦地工作，还说一切是为了孩子，为了明天，现在想来真是讽刺。

传播速度：固体 > 液体 > 空气

知识点

声音在固体中的传播速度比在气体中要快。

扫码听故事

6. 能吞声音的“恶魔”（声音黑洞）

玛尔斯星球上，艾达一家度日如年。艾玛和琳达继续使用智能代步机到处寻找艾达。今天天气燥热，在太阳的炙烤下，艾玛将代步机调至极限速度，想着能开得快一点。

斜前方的监控仪响了起来，提醒代步机已超速，要求艾玛立刻将速度调至正常范围。艾玛悻悻地调了回来。突然，坐在身后的琳达惊喜地大叫起来:“对啊，监控仪，我怎么把它给忘了！”艾玛此时也醒悟过来，对啊，玛尔斯星球上，关键路口都装了监控仪，怎么都忘了去调取监控录像呢！艾达，终于有希望找到你了！

这时候，地球上的阿呆正在生小聪聪的气。他想发明一个黑洞，把小聪聪给吸进去，看这个小女孩还敢不敢老是笑话自己。

知识点

在一项研究中，
科研人员在实验室中创造出一种“声音黑洞”，
它会吸收声波，使声音无法逃离。

扫码听故事

7. 鬼屋惊魂（恐怖的次声波）

事不宜迟，艾玛和琳达立刻来到了星球交通总局，说明事情的原委，要求调取监控录像。办理交通总局调取监控的手续一路畅通，很快就办妥了。他们焦急地来到监控室，调出了艾达失踪那天的录像，两人目不转睛，大气也不敢出，盯着屏幕仔细观看。

地球上，一大早，小聪聪就要拖着阿呆去鬼屋捉鬼！阿呆吓坏了，一直推说自己发烧了，要钻回被窝去。可是小聪聪才不管呢，硬是把阿呆弄上了小推车，一路推到鬼屋门口。

“救命啊，救命啊！麻利麻利哄哄哄，呜哩哇啦砰砰砰，妈妈呀，爸爸呀，爷爷奶奶救命啊！”

阿呆被吓得语无伦次。他究竟在鬼屋遇到了什么？

快来听搞笑的录音吧。

知识点

频率小于20赫兹的声波叫作次声波，它会让人精神紧张、心情悲伤、身上打冷战等。

扫码听故事

8. 马尔波罗号船上的集体死亡（次声波的威力）

艾达的父母颓坐在监控室里，不能接受这个结果——艾达失踪那天监控仪器突发故障，其间有一段时间，录像突然中断了。本以为一切的辛苦终于有了回报，谁知道真相即将呈现时却遭受了猛烈的一击。琳达被击倒了，她无法相信这个事实，无法从这个阴影中走出来。

地球上，阿呆还没有完全从次声波的阴影中走出来，他又看到了一篇更加吓人的故事，原来次声波不仅仅会让人精神紧张、心情悲伤、身上打冷战，甚至还会杀人！1890年，一艘名叫马尔波罗的帆船在由新西兰驶往英国的途中突然神秘失踪，20年后被发现，船上的人员全部死亡，而杀手正是次声波！到底怎么回事呢？让我们来听今天的录音。

知识点

次声波穿透人体时，
可能破坏大脑神经系统，
造成大脑组织的重大损伤。
次声波对心脏影响最为严重，
最终可导致死亡。

9.用耳朵发现猎物的“吸血鬼”蝙蝠（超声波的作用）

讲完了次声波，今天叶子妈妈和阿呆要来讲超声波了。“阿呆，你知道哪些动物与超声波有关吗？”

意大利人斯帕兰赞尼很早以前就发现蝙蝠能在完全黑暗中任意飞行，既能躲避障碍物，也能捕食在飞行中的昆虫，但是堵塞蝙蝠的双耳后，它们在黑暗中就寸步难行了。面对这些事实，斯帕兰赞尼得出了一个在当时看似荒谬的结论：蝙蝠能用耳朵“看东西”。

知识点

超声波是一种频率高于20000赫兹的声波，它的方向性好，穿透能力强。

10. 法老金牌的魔法（神奇的回声）

让我们回到玛尔斯星球上，看看艾达的家人。过了那么久，艾达仍然没有下落，艾玛和琳达不敢告诉年迈的奶奶监控录像坏了，现在他们一无所获、一筹莫展。他们不能这样刺激老人，只能搪塞道：“监控录像太多了，还没有找到艾达回家那条线对应的录像。”

现在，奶奶正盯着床头艾达最喜欢的法老金牌发呆，这是艾达最喜欢的玩具。他说希望自己也能拥有一块真正的法老金牌，让博物馆里的大恐龙通通复活。他希望自己能像个英雄骑着大恐龙进行星球大战！可是现在，他在哪里呢？

回声

知识点

声音在传播过程中
遇到较大的障碍物时，
会被障碍物的界面反射回来，
反射回来的声音叫回声。

扫码听故事

11. 海绵宝宝“吃”声音（吸收声音的材料）

阿呆这两天神神叨叨的，不知道为什么爱上了写诗。比如不让他吃汉堡，他就哭诉“人比黄花瘦，犹记汉堡包。”让他吃个饭，他也要感慨“小荷才露尖尖角，一看排骨炖豆角”。你们听，就连讲个回声故事，他也要摇头晃脑写一首打油诗。今天，叶子妈妈要接着讲回声的故事，再和大家讲一个能“吞掉声音”的材料的故事，阿呆说“海绵宝宝喜欢吃声音，就好像阿呆喜欢吃汉堡包一样。”

扫码听故事

知识点

通常而言，
松软、疏松、多孔的材料
可以吸收声音。

12. 用耳朵来“看”路（回声定位）

今天小聪聪又来串门啦！当她听叶子妈妈说松软的东西可以吸收声音时，不禁笑着说，就像阿呆的大皮球肚子可以吸收很多个汉堡。阿呆很不服气，反问小聪聪有没有看过他写的诗。阿呆说：“我的肚子里，不止有汉堡，还有很多文艺细胞！”叶子妈妈也不管他们俩吵吵闹闹，继续给他们讲回声的故事。

“汉堡包
+
文艺细胞”

知识点

回声定位可以用来测鱼群以及潜水艇的位置。

扫码听故事

13. 飞机飞过后产生爆炸声（音爆的形成）

前面三天，叶子妈妈和阿呆讲了回声，今天起要开始讲音爆。先来听阿呆讲个故事吧！

“一望无垠的咕噜噜沙漠一片寂静，突然，一架名为‘汉堡一号’的飞机传出了砰砰砰的剧烈响声，随后，飞机屁股后面出现了一团团的大汉堡，哎呀呀，太香了！”

阿呆怎么了？他在说什么呢？快来听录音吧。

知识点

物体运行速度接近音速时，
会有一股强大的阻力，
使物体产生强烈的振荡，速度衰减。
这一现象被称为音障。
突破音障时，
由于物体本身对空气的压缩无法迅速传播，
空气逐渐在物体的迎风面积累而形成激波面，
在激波面上声学能量高度集中。
这些能量传到人们耳朵里时，
会让人感受到短暂而极其强烈的爆炸声，称为音爆。

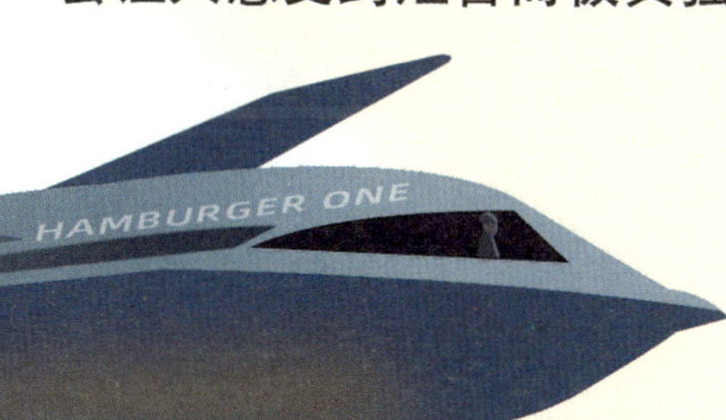

扫码听故事

14. 飞机屁股冒水雾（音爆云的产生）

还记得昨天叶子妈妈和阿呆跟大家讲了莫哈维沙漠著名的音爆实验吗？今天叶子妈妈会深入解析这个实验。

你们看，阿呆又诗兴大发，开始作诗了：“飞行员做实验，开着飞机轰隆隆；速度很快超音速，出现音爆砰砰砰；飞机屁股冒水雾，白色水雾像汉堡；阿呆看着流口水，滴滴答答流下来。”

知识点

飞机飞行时，

发动机产生二氧化碳和水蒸气，

高速喷射出来，

高空气温较低，

水蒸气很快就变为水滴，

聚集后就变成了一条白色的带子。

扫码听故事

15. 飞行员超音速飞行（音爆的危害）

过了这么久，阿呆仍然想不起来自己来自哪里，于是叶子妈妈约了私人医生，明天会来帮阿呆做详细的检查和治疗。据说检查和治疗都要在密闭环境下连续进行八个小时，医生需要帮阿呆做深度催眠。因为时间过长，阿呆大概连午饭都无法吃了。为了帮阿呆提升元气，保持最佳状态，今天叶子妈妈特地买回来一只老母鸡，给阿呆炖鸡汤喝。

巧了，今天的故事也是关于鸡的，可惜的是养鸡场的几万只鸡都被震死了！

知识点

音爆的响声不仅令耳朵无法承受，
有时甚至连鼻子都会流血。

到底怎么回事？是发生大地震了吗？
快来听录音了解一下吧。

养鸡场

扫码听故事

16. 阿呆“失踪”后现身，扭屁股舞惊艳全场

（声学复习课）

转眼间声学也讲完了，阿呆很开心，觉得要跳个舞庆祝一下。于是，蹦擦擦，蹦擦擦，他旋转了起来。叶子妈妈望着快乐的阿呆失神，她心里还在想着昨天的检查结果。阿呆的脑电波是否已经正常？讲了这么多天的故事，能否一点点唤起他的记忆，让他想起来自己是谁，究竟是哪个星球的人，为什么会来地球，又是怎么失忆的？叶子妈妈心中太多谜团，都寄托在医生的那份检查报告上。

“叶子妈妈！叶子妈妈！”小聪聪稚嫩的声音惊醒了她，“为什么这么多天我都没有看到阿呆，他去哪里了啊？”叶子妈妈岔开话题说：“小聪聪，我们还是一起来复习一下声学部分都学了哪些内容吧！”

知识点

声学包括声音的产生、
声音的传播、
次声波、超声波、
神奇的回声以及超强音爆。

三、光学篇

在光学篇中，叶子妈妈将为我们解密皮影戏、普及海市蜃楼、讲解望远镜等。从这一篇中，我们将从新的视野认识光的特征，并且你会发现光在我们身边有许多应用。快来看看吧!

1. 神秘莫测的光（皮影戏的原理）

今天起，叶子妈妈和阿呆要跟大家讲光学了。

在“诗人”阿呆的熏陶下，叶子妈妈今天也念了一首诗：“北方有佳人，绝世而独立。一顾倾人城，再顾倾人国。宁不知倾城与倾国？佳人难再得！”

小朋友，你们知道“倾国倾城”最早是用来形容谁的美貌吗？叶子妈妈的小录音，在教大家物理知识的同时还会教很多人文典故哦。快来听录音了解一下吧。

扫码听故事

知识点

皮影戏是一种以兽皮或纸板做成的人物剪影，在灯光照射下用隔亮布进行演戏。

北方有佳人，
绝世而独立。
一顾倾人城，
再顾倾人国。
宁不知倾城与倾国？
佳人难再得！

2. 解密皮影戏（沿直线传播的光）

嘟嘟嘟，嘟嘟嘟，玛尔斯星球的警报又拉响了，地质学家们勘测了星球的土地，发现由于能量不足，土地竟然又一次发生了地裂现象。情况危急，科学家们要求大家紧急进入安全区，艾达的爸爸妈妈也只好暂时放弃寻子之路，随着人流进入了防空洞避难。

此时，地球上的阿呆正专心致志地和叶子妈妈讨论皮影戏呢！阿呆问道：“李夫人的影子是从哪里来的？”叶子妈妈告诉他说，光从光源发出来，沿直线传播，如果前面有东西挡住了路，光就照不过去了，于是就形成了影子。那为什么光是沿直线传播的呢？来听一听叶子妈妈是怎么说的。

知识点

光在同种均匀介质中沿直线传播。

皮影戏原来是这样的……

3. 穿着隐身衣的光（红外线和紫外线）

今天叶子妈妈要跟大家讲可见光和不可见光。不可见光比如红外线和紫外线，虽然我们的肉眼看不见它们，但是它们却有很厉害的本领哦！听，远处传来了枪响声，这是打仗了吗？快随着录音一起来认识了不起的红外线和紫外线。

知识点

红外线可以用来制造夜视仪，用于打仗；紫外线可用来杀菌，有保健作用。

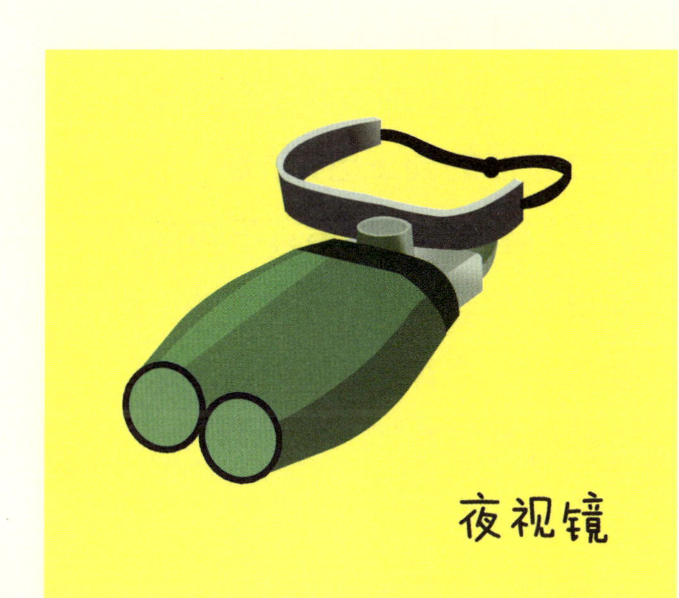

扫码听故事

4. 斩杀蛇妖美杜莎（光的反射）

讲完了光的传播，接下来叶子妈妈要讲光的反射。今天阿呆表现特别好，一口气讲了一个很长的古希腊神话故事——宙斯之子刺杀蛇妖美杜莎，这篇神话故事首先要从很久很久以前一位迷信的国王老A讲起。有一天他闲得无聊去找人算命，结果不算不知道，一算吓一跳！大师说："老A啊，你最终会死在你外孙的手里呢！"老A一听吓得屁滚尿流，"这可如何是好？"

知识点

光传播到不同介质时，在分界面上改变传播方向又返回到原来物质中的现象叫作光的反射。

扫码听故事

5.小河边照镜子的故事（光的镜面反射）

昨天阿呆的故事很精彩，可是大家听到最后还不过瘾，还在不停地追问他：“最终宙斯之子，也就是国王老A的外孙，究竟有没有杀死他的外公呢？”阿呆不堪其扰，于是在这里公布大结局：当老A知道自己的外孙没有死，吓得逃到了异乡，而外孙小修也正巧路过此乡。当时这里正在举办扔铁饼大赛，小修年轻力壮，自然参加了比赛。结果，小修扔铁饼时正好砸中了自己的外公老A，于是老A一命呜呼。

好啦，听完了神话故事，今天叶子妈妈和阿呆将解密光的反射！

扫码听故事

知识点

物体表面的光滑程度决定了光的反射效果，表面光滑的物体，如镜子，反射回的光线大部分都在同一方向，更容易形成影像。

光的反射

6.阿基米德摧毁罗马舰队（光的反射原理应用）

今天不知道为什么特别热，胖胖的阿呆出了好多的汗，他懒懒地躺在椅子上，一动也不肯动，也不肯讲故事了。叶子妈妈没办法，只好叫来了小聪聪，这下阿呆腾地就从椅子上站起来了，对着小聪聪滔滔不绝地夸耀自己的讲故事才华。在小聪聪的鼓励下，阿呆今天又讲了一个光屁股的科学家带着秘密武器重现江湖的故事。

知识点

利用镜子反射太阳光线，
可聚焦巨大的热量。

扫码听故事

7.筷子在杯子里会折断（光的折射）

前面三天讲了光的反射，今天开始叶子妈妈和阿呆要开始讲光的折射。录音一开始叶子妈妈就做了个小实验，让大家了解折射现象。

阿呆乐呵呵地看着，等叶子妈妈做完实验，阿呆笨手笨脚地搬出了洗脚盆。他要干嘛？叶子妈妈又为什么突然吓得逃走了？让我们一起听录音来了解一下吧。

知识点

光从一种介质斜射入另一种介质时，
传播方向发生改变，
从而使光线在不同介质的交界处发生偏折，
这种现象称为光的折射。

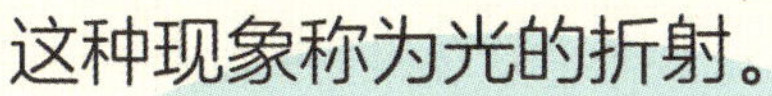

扫码听故事

8.天上出现了三个太阳（假日现象与海市蜃楼）

玛尔斯星球上的安全区里挤满了人，这已经是他们在安全区里的第六天了。虽然防空洞里有一个个像蒙古包一样的智能小屋，每个家庭都可以在小屋里正常生活，每天智能传送带还会定时将食物和水送过来，精准投放到小屋门前供大家食用，但毕竟一直在防空洞里难免会觉得焦躁，更何况艾达的父母还牵挂着走失的艾达，他们一直在用智能触角搜索信号，希望有一天能够找到艾达。

“警报什么时候能解除，地裂到底在哪里，修复好了吗？”艾达妈妈轻声问爸爸，突然她大叫起来！到底怎么了？

知识点

海市蜃楼是一种因为光的折射和全反射
而形成的自然现象，
是地球上物体反射的光
经大气折射而形成的假象。

扫码听故事

9.千里眼的故事（望远镜）

艾达妈妈为什么突然大叫？地裂！因为地裂！艾达妈妈突然惊恐万分地想到了艾达会不会失足从裂缝里跌落下去？如果真的是这样，那可是万丈深渊啊，甚至有可能跌落到星球以外的宇宙中！艾达爸爸听了妈妈的猜想，连声说："不会的不会的，艾达不可能掉下去的。"可是他自己却忍不住害怕起来，浩瀚的宇宙，如果真的是跌落到外太空去了，还怎么把艾达找回来呢？

地球上，叶子妈妈正在和阿呆讲望远镜的故事呢！17世纪荷兰小镇上，有一家眼镜店的老板无意间把凸透镜和凹透镜放在了一条直线上，通过这样组合的透镜向外望去，他惊奇地发现，远处的教堂突然近了许多，就好像自己长脚跑了过来一样！

知识点

望远镜是一种利用透镜或反射镜观测遥远物体的光学仪器。

远处的物体可以利用透镜的光线折射再经过一个放大镜而被看到。

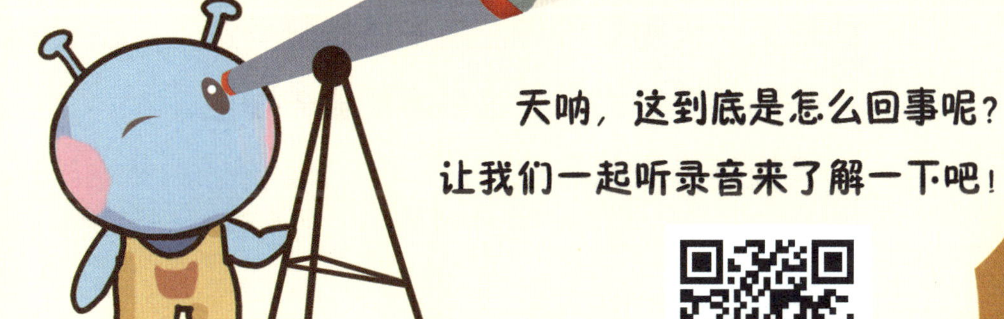

天呐，这到底是怎么回事呢？

让我们一起听录音来了解一下吧！

扫码听故事

10.为什么海水是蓝色的（拉曼效应）

玛尔斯星球上，艾达的父母内心再也无法平静，他们在黑暗的防空洞里，沉默地对望，内心有焦虑有恐惧。良久，爸爸突然对妈妈说：“无论如何，我们都要把他找回来！”妈妈的眼泪夺眶而出，她使劲地点点头，暗暗地攥紧了拳头。

地球上，天刚蒙蒙亮，阿呆还在鼾声大作，叶子妈妈早已出门。这么早她要去哪里呢？今天还继续讲故事吗？

当然，你们看，日落西山的时候，叶子妈妈还是像往常一样回家了。今天她和阿呆要跟大家讲什么故事呢？

扫码听故事

知识点

印度学者拉曼用尼科尔棱镜、光栅等实验器材发现海水的颜色并不是缘于反射天空的颜色，而是海水本身的一种性质。

尼科尔棱镜

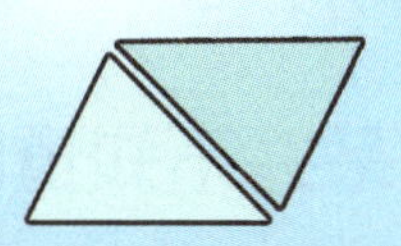

11.一起来了解七色太阳光（光的散射）

叶子妈妈一夜未眠，昨天，她刚刚拿到阿呆的脑电波检查报告。报告显示阿呆的轻微脑震荡没有恢复，仍然处于失忆状态。叶子妈妈很焦虑，虽然和阿呆相处得很愉快，但是阿呆毕竟不是这个地球的生物，在这里他无法像其他孩子一样正常读书、社交，每天只能靠讲故事来学习知识。更何况，他的亲生父母一定很着急吧，还是应该帮阿呆尽快找到属于他的家。

单纯的阿呆并不知道叶子妈妈的心思，他摇摇摆摆地走过来了，要和叶子妈妈一起讲故事。今天他们会给我们带来什么样的故事呢？

知识点

太阳光是由红、橙、黄、绿、青、蓝、紫七种颜色的光复合而成的。

其中，红、橙、黄光波长较长，蓝光波长较短。

扫码听故事

12.胆小的海蜗牛和潜水员（神奇的散射现象）

昨天叶子妈妈因为阿呆用自己的口红乱涂乱画，同时自己也没有休息好，一下子情绪大爆炸，罚掉了阿呆的晚饭，吓得阿呆今天老老实实地讲故事，再也不敢调皮捣蛋了。你们听，今天录音一开始他就老老实实讲了海底发光海蜗牛的故事。小朋友们，你们知道吗？海蜗牛的绿光也是因为光的散射呢！

玛尔斯星球上，奶奶正望着家里的墙纸发呆，墙纸的一角是艾达的涂鸦，那是一只用眉笔画的丑丑的鸭子。奶奶还记得艾达画得太用力，眉笔都折断了，为此，艾达被妈妈琳达狠狠地骂了一通，还不准艾达吃晚饭。奶奶心疼艾达，趁着妈妈睡觉的时候偷偷拿了一个汉堡包塞给艾达。

知识点

物质中存在的不均匀团块，
使进入物质的光偏离入射方向
而向四面八方散开，
这种现象称为光的散射。

扫描听故事

13.神奇的穿越（光的速度）

前面三天，叶子妈妈和阿呆讲了光的散射。阿呆觉得光是一个调皮的熊孩子，一会儿反射，一会儿折射，一会儿又散射，把他的脑袋都弄乱了。今天是周末，叶子妈妈一方面想让阿呆放松一下，另一方面也为之前罚掉了阿呆的晚饭心存愧疚，于是利用周末带阿呆去了上海迪士尼乐园。

阿呆第一个拿下的项目是加勒比海盗——沉落宝藏之战。船只先是一下子沉到海底，随后在波涛汹涌的水面上起起伏伏，跟着杰克船长一起大战海盗。一时间大炮砰砰作响、枪声四起，船只瞬间灰飞烟灭。接着穿过山洞，看杰克船长和章鱼怪刀光剑影，非常刺激。阿呆一边瑟瑟发抖，一边兴奋大叫。

晚上回到家，他们已经筋疲力尽了，可是叶子妈妈觉得做一件事应该持之以恒。你听，他们又开始讲故事了。

知识点

当物体的运动速度接近光速时，时间就会变得缓慢；等于光速时，时间会停止；超过光速时，时间就会倒流。

扫码听故事

14.光速到底有多快（光的速度）

昨天我们讲了相对论里的观点，超越光速就可以让时光倒流。可是讲到一半的时候，阿呆竟然睡着了！恍惚中，他还梦见了自己在翻箱倒柜地找东西，一会儿趴在地上，看看角落里有没有什么发光的东西；一会儿又爬到床上，看看被子里枕头下有没有什么东西。他到底在找什么呢？忙得自己满头大汗的。直到快醒来的时候，阿呆终于想起来了，他是在找一枚戒指。为什么要找戒指呢？阿呆正想着，叶子妈妈突然拉开窗帘，刺眼的阳光惊醒了阿呆……

快来扫码听听光的速度
到底有多快吧!

知识点

光速可以达到每秒三亿米，
也就是一秒钟可以绕地球七圈半。

扫码听故事

15.借助飞船和虫洞来穿越（时光隧道）

经过前面两天的讲解，阿呆越来越想超越光速，回到过去，或者穿越到另一个星球去。那么到底有没有办法实现他的愿望呢？

科学家们通过不断地探索研究，提出过两套方案，一套方案是发明超光速飞船，通过扭曲时空达到超光速的目的。另一套方案是利用虫洞这种时空细管来实现从一个时空到达另一个时空。

这两个方案阿呆都想尝试，让我们来听一听今天的录音，看看他究竟成功了没有。

知识点

虫洞是爱因斯坦根据引力场论预言的一个时空构造。虫洞在强大引力场作用下，时空会扭曲，中间形成空洞，这就是时空隧道。

扫码听故事

16.神奇的光（光学复习课）

让我们回到玛尔斯星球上。由于地质学家们加班加点对地裂进行了修复，目前警报已经解除。星球上的人们终于可以从防空洞出来了，他们开始正常读书、上班、买菜、做饭。唯一不同的就是艾达一家，艾达的父母终于不再争吵，也不再相互指责，他们空前团结一致，因为每一分钟都是宝贵的，他们要把所有的精力都投入到寻找艾达的“战役”中。他们甚至制订了周末的计划，首先，他们准备再走一遍艾达放学回家的路，看看这条路上有没有地裂的痕迹。

小朋友，你们还记得吗？在光学里，我们讲了光的传播，光是沿直线传播的，讲了光可以分为可见光

和不可见光，讲了光的反射、折射和散射现象，以及光在空气中的传播速度是每秒三亿米。

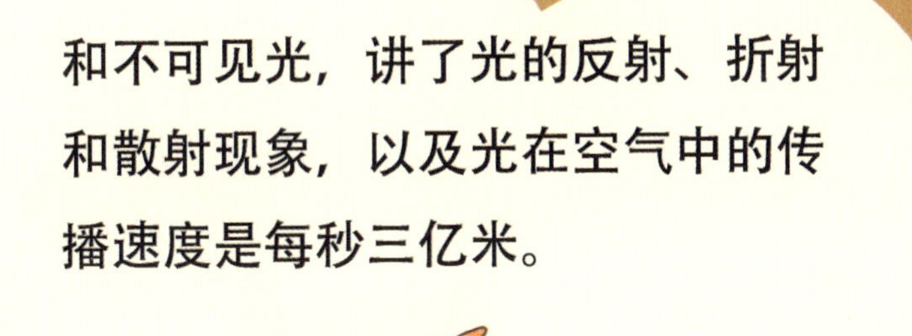

扫码听故事

四、电磁篇

在这一篇科学故事中，叶子妈妈将会讲述一种神秘的力量——电。叶子妈妈会从电的起源开始讲起，再讲到雷电的形成和危害，接着是电与磁的关系，以及我们人类对电磁的应用，最后她会为我们介绍磁悬浮列车和电磁辐射的危害。是不是迫不及待想要了解了？那就来吧！

1. 神秘的力量（电的起源）

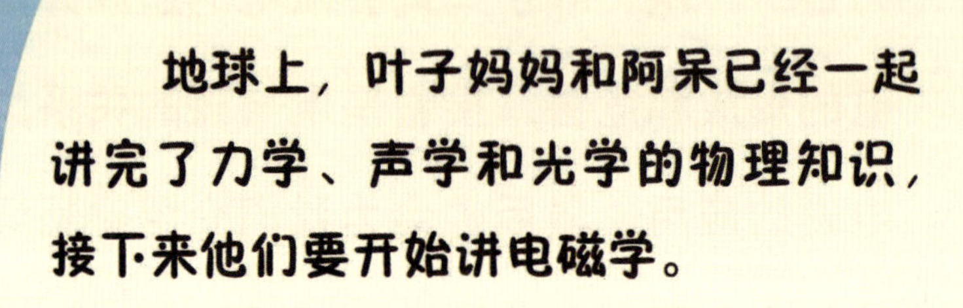

地球上，叶子妈妈和阿呆已经一起讲完了力学、声学和光学的物理知识，接下来他们要开始讲电磁学。

“电”这个字在西方是从希腊文“琥珀”一词衍生出来的，在我国则是从雷闪现象中演化出来的。雷闪现象，就是我们通常所说的电闪雷鸣，这个自然现象显然是和“电”有联系的。可是电和琥珀又有什么关系呢？接下来就让我们听录音了解一下“电”的起源，让阿呆带领大家来到公元前600年左右的古希腊，看看那里发生了什么。

扫码听故事

知识点

电磁学，是物理学中很重要的基础学科，是主要研究电和磁以及二者之间的相互作用现象及规律的科学。

摩擦生电：两种物体相互摩擦会产生电，并且摩擦过的物体能够吸附其他轻小物体。

原来这就是琥珀！

2. 挑战上帝的科学家（雷电现象）

在昨天录音的尾声，阿呆发现外面变天了，一时间电闪雷鸣，阿呆吓得赶紧钻到被窝里去蒙住耳朵。

其实雷电是一种常见的自然现象，当然早在18世纪以前，在西方，人们还不能正确地认识雷电到底是什么，当时人们普遍相信雷电是上帝发怒的说法。而在中国古代也有雷公和电母的传说，传说他们是一对天神，世间的人如果做了坏事或者违背誓言，就会受到雷电的惩罚。

mm 妈妈！

知识点

雷电是伴有闪电和雷鸣的
一种雄伟壮观而又有点令人生畏的放电现象。
云的上、下部之间会形成一个电位差，
当电位差达到一定程度后，
就会产生放电，
这就是我们常见的闪电现象。

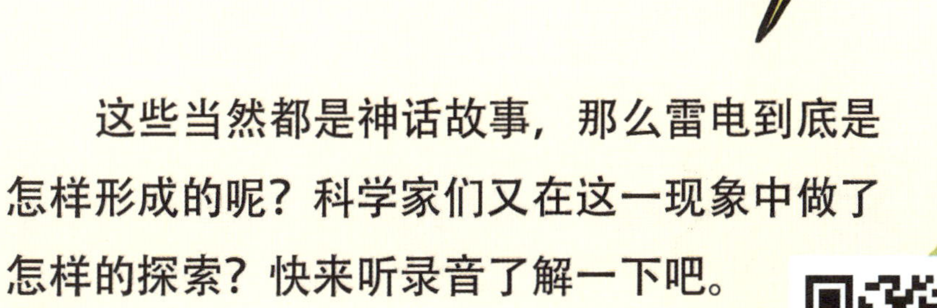

这些当然都是神话故事，那么雷电到底是怎样形成的呢？科学家们又在这一现象中做了怎样的探索？快来听录音了解一下吧。

扫码听故事

3. 可怕的雷电危害（雷电的预防）

昨天叶子妈妈和阿呆讲了雷电是一种常见的自然现象，我们没有必要害怕雷电。

但是在打雷时，我们仍然要注意安全。首先，要关好门窗，防止雷电直击室内和球形雷飘进室内；而在室外游玩的小朋友应该躲入房屋内。其次，不能去接触天线、水管、铁丝网、金属门窗，还要远离电线等带电设备。再者，我们要减少使用电话和手机。最后，如果我们在旷野露营，一定要远离树木和桅杆。

关闭门窗并拔掉电源

知识点

人被雷电击中的一瞬间，
电流迅速通过人体，
重者可导致心跳、呼吸停止，
大脑缺氧而死亡。

扫码听故事

你问我为什么要这么做，而不能像科学家富兰克林一样威风凛凛地去抓雷电？那就来听阿呆讲一讲今天的故事吧。

4. 幽灵般的静电（静电现象）

前面三天叶子妈妈和阿呆给大家讲了电的起源，讲了琥珀的摩擦带电，以及雷电的形成。

今天是周末，阿呆邀请了小聪聪来家里玩，叶子妈妈答应亲手给他们做香喷喷的汉堡。

叶子妈妈刚准备戴上手套来拿香喷喷的汉堡，就听到卧室里阿呆在大叫："叶子妈妈，快来快来，你看，小聪聪要爆炸了！"

到底怎么回事？让我们一起来听录音吧。

知识点

静电是生活中常见的现象，看不见，摸不着。人的身体产生静电有两个条件：一是干燥的空气；二是穿着不导电的化纤衣物。

扫码听故事

5. 青蛙死后会跳舞（神奇的伽伐尼响应）

玛尔斯星球上，

这是艾达的爸爸妈妈第十二次走艾达放学回家的路了。由于之前为了确保星球的安全，地质学家运用智能机器人对地裂进行了全方位的修复，所以他们还是无法发现地裂的痕迹。

“不行，我们还是去一趟阿尔曼博士家吧。”艾达妈妈提议道。阿尔曼博士是星球上公认的最最智慧的老人，但自从星球陷入危机后，他就长期隐居，闭门不见客，苦心研究拯救星球的办法。

爸爸同意艾达妈妈的提议，他觉得这位星球上的智慧老人一定能想出办法帮他们找到艾达。

让我们回到地球上来。昨天叶子妈妈列举了生活中常的静电现象，今天他们要讲科学家们的青蛙腿实验。为什么科学家们对青蛙腿这么感兴趣呢？还是让我们来听录音吧。

知识点

伽伐尼响应，
即青蛙的大腿在静电的刺激下，
会做出抽动反应的一种现象。

伽伐尼“蛙跳”实验

6. 干燥天气易烦躁（静电的危害与作用）

“咚咚咚”，艾达的爸爸敲响了阿尔曼博士的家门，可是等了许久也没有人开门，他和艾达妈妈忐忑不安地守在门口，不肯离去，也不敢大声叫人开门。

“咚咚咚”，艾达的爸爸忍不住又敲了敲门，终于门里响起一个颤巍巍的苍老的声音，“谁啊？”艾达妈妈忍不住激动起来，她回复道：“阿尔曼博士，我是您的学生琳达，您还记得我吗？”“咿呀”门终于开了，几年不见，阿尔曼博士已满头白发，“果然是你，进来吧！”艾达爸爸和妈妈进了门，刚坐定，艾达妈妈就哭起来：“博士，您帮帮我吧，我的小艾达突然失踪了，我们已经找了一个多月了，可就是找不到他！您快帮我们想想办法吧！”阿尔曼博士身体微微一震，问道：“小艾达不见了？什么时候的事情？”

地球上，叶子妈妈关切地对阿呆说：“这几天天气干燥，你要记得多喝水，用手摸墙或者水龙头之前，也要记得把体内的静电释放出去。”可是顽皮的阿呆还不答应，他嘿嘿一笑说自己想做酷炫的带电超人。叶子妈妈斥责道：“别胡闹，静电对人体是有危害的，当人体静电产生的瞬间电压过大时，人会感到一种燥热感，并有烦躁、头痛的感觉。”

知识点

静电过大时，人会感到一种燥热感，并有烦躁、头痛的感觉。在冬季，约三分之一的心血管疾病都与静电有关。

扫码听故事

7. 用指南针找方向（磁场的利用）

“小艾达究竟是怎么失踪的？”阿尔曼博士问道。“65天前他放学没回家，然后我们就找不到他了。”

“2020年4月10日那天失踪的？”“对！”“发生地裂的第一天。”阿尔曼博士喃喃自语道。他陷入了沉思，艾达的爸爸妈妈也不敢说话，生怕打搅博士。

过了很久，博士突然问，“智能触角联系不上？地裂是不是也找不到痕迹？”

“是的是的，不过地裂缝我们已经在找了。”

“智能触角一定是坠落的时候损坏了。找到坠落点以后你们打算怎么做呢？”阿尔曼博士看着这个优等生问道。

琳达一时语塞，她一心想着要找到坠落点，但后面怎么办她确实没想好，难道是跳下去找艾达吗？

“我有一个办法，可以试试。”阿尔曼博士一字一顿地说。

知识点

地球是一个大磁体，
有两个磁极，
一个叫地磁北极，也称作N极，
另一个叫地磁南极，也称作S极。
地磁北极在地球的南极附近，
地磁南极在地球的北极附近。

扫码听故事

地理北极
S
地磁南极
地磁北极
N
地理南极

8. 导线给磁针摆了POSE（电流磁效应）

“什么办法？”艾达的父母几乎异口同声地问。

“第一步，找到地裂点。我这里有个探测仪，修复的土壤和原土壤成分不同，可以帮助你们找到事发点。”

“第二步，按照艾达的身形、体重、构造比例、身体密度等造一个完全一样的机器人，同时给机器人配上追踪器。”

“第三步，仔细研究土壤缺失痕迹，根据痕迹尽可能还原艾达当天跌落的姿势和跌落的角度，然后机器人完全按照这个方位跌落。”

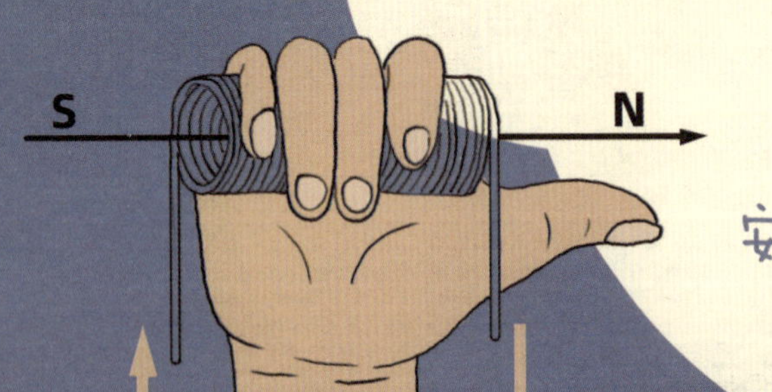

安培右手定则

“第四步，等待一天风向、风速以及光照强度与事发那天差不多的日子，让机器人坠落，大概率上应该可以到达艾达的跌落点，至少也是同一星球。”“最后一步”阿尔曼博士顿了顿，眼睛看着琳达。

扫码听故事

知识点

安培右手定则：用右手握住导线，大拇指指向电流的方向，其余四指所指的方向，即为磁力线的方向或磁针北极所受磁力的方向。

9. 电可以产生磁，磁可以产生电吗（电磁感应）

昨天，阿呆在节目里说叶子妈妈白白胖胖的，弄得叶子妈妈火山大爆发，把他的零食都罚掉了！今天，阿呆要在故事里郑重声明，具体声明什么内容呢？

小朋友们快来听一下吧。

另外，今天叶子妈妈讲法拉第的电磁感应实验，阿呆总是见缝插针地拍马屁，虽然搞笑不断，但是叶子妈妈却很头疼。

小朋友们，你们说到底要不要原谅阿呆呢？

扫码听故事

知识点

法拉第在两条磁棒的南北极中间放上一个绕有导电线圈的圆铁棒，当圆铁棒脱离或接近磁棒的瞬间，导电线圈中会产生电。

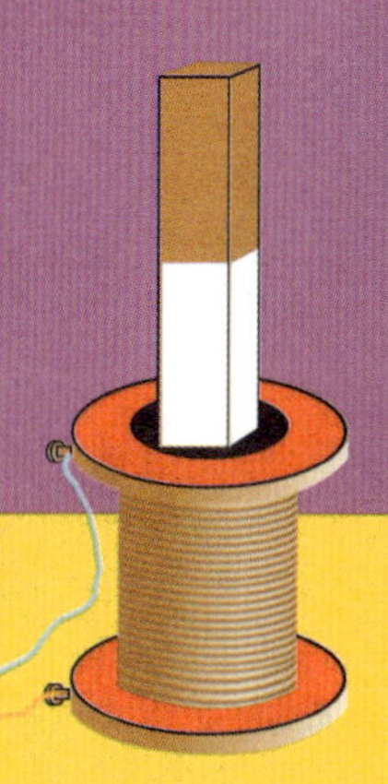

10. 能穿透物体的射线（X射线的发现）

今天这期阿呆天马行空乱说话，叶子妈妈都被他气得不行。一会儿说医院很恐怖，一会儿又说自己的眼睛像X射线一样具有穿透力。叶子妈妈好不容易忍到把伦琴的实验讲完，阿呆突然一本正经说要问个问题，叶子妈妈很开心，心想，这孩子终于好学了勤思考了，没想到阿呆的关注点竟然是……

阿呆也不开心，叶子妈妈一会儿趁机教育他要多吃蔬菜，一会儿又凶他，他忍不住感慨道：“女人心，海底针！”

到底怎么回事呢？大家快来听录音了解一下吧！

知识点

X射线应用于医学诊断，主要就是依据它的穿透作用、感光作用和荧光作用。

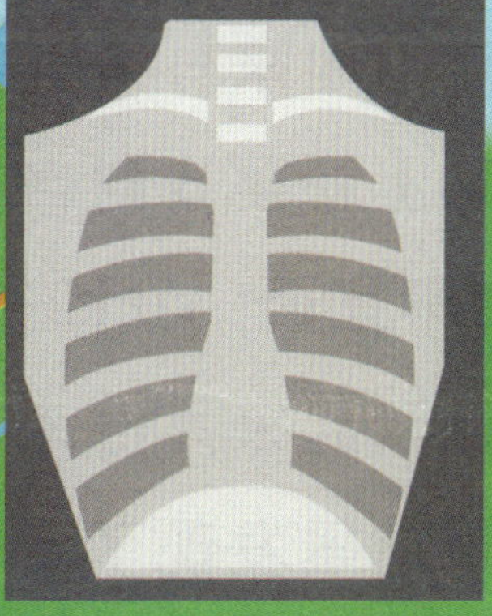

扫码听故事

11. 利用水分子绘制人体内部结构（核磁共振）

让我们回到玛尔斯星球上。阿尔曼博士正看着琳达，期待她说出自己寻找艾达的最后一个步骤。

“最后一步，启动追踪器，让机器人寻找艾达，同时实时反馈进度。”琳达回望阿尔曼博士说道，她激动得泪水夺眶而出。

“太好了！博士，谢谢你！”艾达的爸爸几乎欢呼起来！博士的这个办法实在太赞了！他们马上就要找到自己的孩子了！

事不宜迟，立即行动。爸爸连夜拿着地质探测仪开始探测起来，他来来回回找了半天，终于在一草丛里发现了不一样的土壤。“在这里，就是这里！”他激动地大叫起来！

知识点

医学家们发现水分子中的氢原子可以产生核磁共振现象，而利用这一现象可以获取人体内水分子分布的信息，从而精确绘制人体内部结构。

核磁共振

扫码听故事

12. 会悬浮的火车（磁悬浮列车）

地球上，前面两天叶子妈妈和阿呆讲完了电磁学在医学上的运用（X射线），今天要讲电磁学在交通上的运用——磁悬浮列车。

小聪聪之前去浦东国际机场的时候坐过一次磁悬浮列车，坐完后，她迫不及待地和阿呆分享她的体验，阿呆心里很是羡慕，所以今天这期磁悬浮原理他听得特别认真，他心里打着小算盘：等听完后啊，我也要去小聪聪那儿炫耀。

来吧，让我们跟着叶子妈妈一起了解磁悬浮列车，这样等到有机会在上海体验磁悬浮列车的时候，我们不仅可以感受它的舒适，而且还能够告诉别人它的制作原理，是不是很得意？

quick!

知识点

在电磁学里，
当通过两个互相平行的线圈的电流同向时就互相吸引，如果反向则互相排斥。
如果把许多对电流方向相反的线圈分别安装在列车和轨道上，
列车就会悬浮起来，
在列车和轨道的适当位置分别安装许多对电流方向相同的线圈，
由于互相吸引，列车就可以行驶了。

扫码听故事

13. 恐怖的辐射（电磁辐射）

昨天，阿呆炫耀磁悬浮列车制造原理闹笑话，小聪聪嘲笑他“好为人师”，单纯的阿呆还以为小聪聪在夸他像老师一样知识渊博。因为小聪聪的“拜师”，阿呆还送她一根棒棒糖。小朋友们，你们说阿呆可不可爱，萌不萌？

今天当阿呆知道电磁辐射的危害时，又矫枉过正，在家里跑来跑去恨不得把一切电器都关了！那么电磁辐射到底吓不吓人呢？快来听录音了解一下吧！

扫码听故事

电磁辐射已被世界卫生组织列为
继水源、大气、噪声之后的第四大环境污染源，
成为危害人类健康的隐形“杀手”，
长期且过量的电磁辐射会对人体生殖、
神经和免疫等系统造成伤害，
是皮肤病、心血管疾病、糖尿病的主要诱因。

常用家电辐射强度

电熨斗 8~30　电视机 2.5~50

吸尘器 200~800　咖啡机 1.8~25

烤面包机 7~18　微波炉 75~200

搅拌机 60~70　电冰箱 0.5~1.7

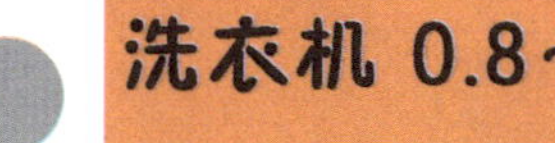
洗衣机 0.8~50

（单位：毫高斯）

14. 隐形的”杀手”（核辐射）

今天让我们来系统地了解一下核辐射。

放射性物质以波或微粒形式发射出的一种能量就叫核辐射，主要分为阿尔法（α）、贝塔（β）、伽马（γ）三种射线。

阿呆本来听得头皮发麻，结果一听到其中某一种射线用一张纸就可以挡住，又开始神经紧绷起来了！

你们看，他自编自导自演说：

Wow!

“呜？真的一张纸就能挡住辐射？

听起来好像不那么可怕了嘛。噔、噔、噔、噔……我是α射线，我要辐射万物称霸宇宙！咦？前方是什么，啊，是我的天敌，是一张薄薄的A4纸，啊，我撞在了这张纸上，头破血流地倒下了……”

知识点

放射性物质以波或微粒形式发射出的一种能量就叫核辐射，其中以伽马射线“杀伤力”最强。

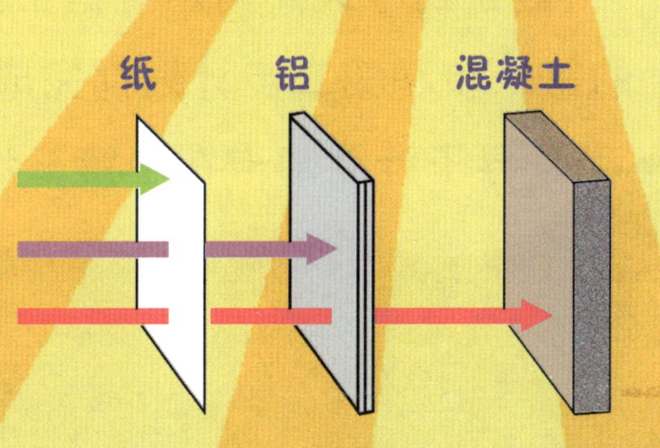

扫码听故事

15. 安全的能源（第三代核电站）

让我们回到玛尔斯星球，艾达妈妈连夜赶回了科研所，她要抓紧时间研发一台机器人。她决定就把这台机器人命名为“艾达一号”。身高、体重？等等，艾达失踪的时候是多高多重？她最后一次见他是半年前的汉堡包节，那一次他好像是七十厘米，还是八十厘米？体重更是模糊。

艾达的妈妈想了很久，发现自己真的很久没有关心过艾达了，竟然连他的身高体重也不知道，她惭愧地连线艾达奶奶，记录下了关于艾达的身体数据。

截止到今天，阿尔曼博士提出的第一步和第二步计划都完成了，但是寻子计划却卡在了第三步。

知识点

中国的核电站采用的是第三代核电技术，
比日本福岛核电站的二代技术更安全，
而且我国核电站用的不是福岛采用的沸水堆，
放射性污染要小很多。

扫码听故事

16. 电磁学知识大杂烩（电磁学复习课）

第三步其实非常难，因为距艾达失踪已经过去两个多月了，这两个多月的时间里出事地点的地裂已经经过了修复还有风吹雨淋，土壤面貌早就发生了很大的改变，想要复原当时的情况简直是不可能的。到底该怎么做呢？难道真的要放弃 这套营救计划而另辟蹊径？

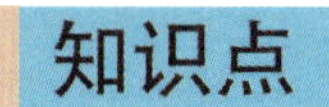

电磁学里我们讲了
电的起源、雷电成因、
电磁效应、电磁学应用
以及电磁辐射等。

扫码听故事

五、热与能

在这一篇里，叶子妈妈首先会讲解热胀冷缩原理在生活中的应用，以及冰棒大夏天为什么要穿棉袄。接着她会为我们解密冰箱的制冷原理，以及人类利用太阳能的知识。最后，在讲能量的时候，叶子妈妈会给我们分析过山车的工作原理。是不是很有趣？快来学习吧！

1.神奇的分子运动（热胀冷缩）

地球上的上海，现在正是三伏天。阿呆贪凉，一边吹着空调，一边吃冰激凌，喝冰可乐。一下子就感冒发烧了，不仅如此，还拉肚子。看着阿呆在床上哼哼唧唧，叶子妈妈真是又心疼又生气，于是给阿呆下了禁令：等他烧退了要把冰激凌、可乐统统收掉，短时间内不准阿呆再碰。阿呆因为被病魔折腾得有气无力，故事也没法讲了，也不敢和叶子妈妈顶嘴了，只好老老实实地答应了。

就这样太太平平地过了四天。四天后阿呆已经完全恢复了，又是一副生龙活虎的样子。你们看，康复了以后，阿呆的心思又活跃起来了，心心念念想要喝可乐，还叽叽咕咕地唠叨不停。

知识点

物体是由分子组成的，
分子和分子之间是有一定空间的。
通常来说，温度升高，
分子就会变得活跃，
从而拉大彼此间的距离，
这就是热胀；
而当温度降低，分子就会牢牢的
在一起，彼此间的距离就会缩小，
这就是冷缩。

吹着空调吃着冰激凌，
好舒服呀！

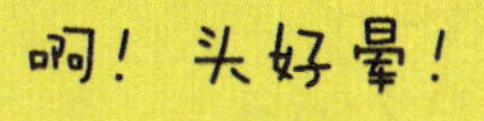

扫码听故事

2.温度计的妙用（热胀冷缩的应用）

今天叶子妈妈和阿呆讲了很多生活中对于热胀冷缩小知识的运用，比如温度计的发明，恢复踩扁了的乒乓球，巧剥刚刚煮好的鸡蛋壳，夏天给自行车轮胎打气不能打太足。阿呆听得特别认真，完全忘记了一开始还不依不饶要求叶子妈妈给他吃冰淇淋、喝冰可乐。今天小故事讲的知识全部和我们的生活息息相关呢，小朋友快来听一听吧。

冬天打足气的篮球，第二天为什么又瘪了呢？

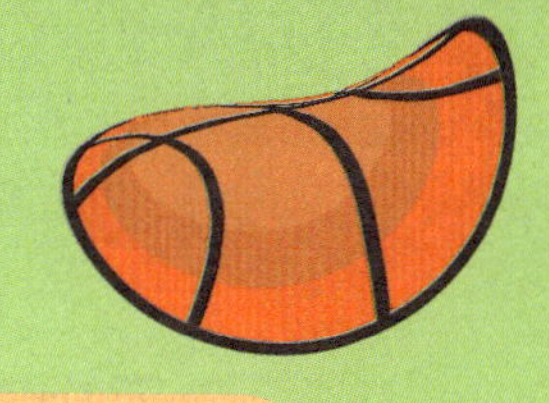

知识点

温度计里的水银或酒精，
随着体温变化热胀而显示不同的刻度。

啊！原来如此！怪不得
昨天我的手被水烫了一下，
就激起了一个大泡。

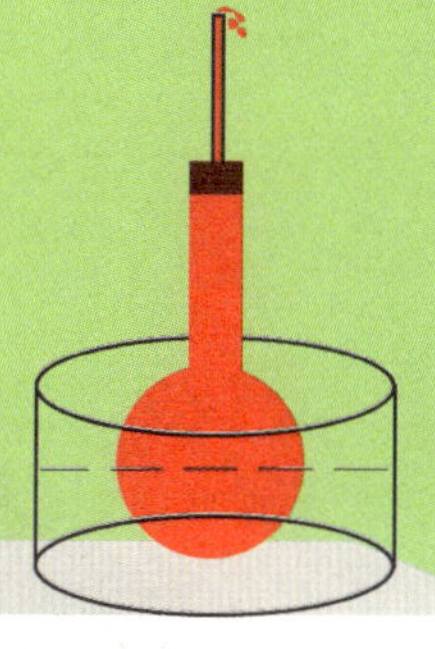

热胀冷缩

扫码听故事

3.特立独行的金属（热缩冷胀的锑）

今天叶子妈妈会告诉大家并不是所有的物体都具备热胀冷缩的特性，有一些物体就很特立独行，会热缩冷胀。

因为今天是叶子妈妈规定的吃素日，讲故事的时候阿呆相当不配合，各种打岔，一会儿说爆炸锑就像活火山（暗指叶子妈妈）一样容易炸毛，一会儿又自作聪明地总结说爆炸锑的故事教育我们要老老实实的，不能去招惹那些炸毛的东西，不然后果不堪设想……

锑

知识点

有一种热缩冷胀的金属——锑。
它是一种银灰色的金属，
总共有四个“孩子”，
分别是灰锑、黄锑、黑锑和爆炸锑。

扫码听故事

4.吃冰淇淋的温度变化（热传递）

让我们再回到玛尔斯星球。阿尔曼博士正蹲在地上专心研究，突然视线里出现了几个大脚掌。他抬起头，发现周围来了几个地质勘测者，他们三三两两正在给地貌拍照。阿尔曼博士问道："你们这是在干嘛？"

他一发声，勘测者立刻认出了星球上鼎鼎有名的阿尔曼博士，立刻停下手头的工作，毕恭毕敬地回复道：“博士好，我们是在采集样本以便回去研究地裂产生的原因。”“你们经常来这里吗？”“是的，自从这里发生了地裂，我们就定期来采样研究。”

“那么地裂发生的那天呢？有没有拍照？”博士急迫地问道。“有啊，不仅拍了照，我们还利用无人机做了全方位的摄像呢！”“太好了！艾达有救了！”博士激动地欢呼起来。

知识点

热量从温度高的水传到了温度低的杯子上，这个过程就是热传递。

热传递包括热传导、热对流以及热辐射。

5.冰棒大夏天穿棉袄（阻断热传递）

勘测者们面面相觑，他们不知道博士为什么这么兴奋。“快，快带我去你们的科研所，把那天所有的照片都给我看看。”勘测者们不敢拒绝星球智者的要求，立即启动智能车，嗖的一下就把阿尔曼博士带到了科研所。

另一边，琳达研发的“艾达一号”智能机器人，目前几乎已经成型。她给智能机器人的大脑输入了所有艾达的信息，包括艾达最爱吃的食物、最讨厌的老师、轻微恐高等，同时她还让机器人自带汉堡味的体香，以便找到艾达后，艾达能够和机器人有亲近感，方便机器人把他带回家。现在，万事俱备，就差一个智能探索仪了。

知识点

棉袄并不是用来御寒的，
而是用来保温的，
它可以阻断热传递。

6.勿拿冰箱当空调（制冷原理）

阿尔曼博士已经两天没有合眼了，现在营救阿呆的计划已经到了最关键的时阶段——发明智能探索仪。阿尔曼博士一边埋头设计，一边喃喃自语道："智能探索仪需要具备最先进的探索技术，行走、快跑、飞行和游泳等技术肯定是必备的，而且由于不确定阿呆最终的坠落点，还要有防震防裂等功能，保证智能探索仪在同样位置坠落后所有功能都保持完好。"

琳达沉默而紧张地站在阿尔曼博士身旁，不敢发出一点声响，生怕扰乱了博士的思路。她只能站着，时不时给博士打打下手，递递工具，或者送一些小食给博士补充能量。只见阿尔曼博士时而眉头紧锁，时而十指紧扣，时而快速组装机械，时而又放下器具仔细查看关键部位……

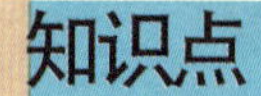

冰箱里有制冷剂，
制冷剂吸收冰箱里的热量，
流转到压缩机，
压缩机再通过冷凝器向空气散热。

在这个实验室里，连呼吸都是静止的，只有时间不停地流逝。突然，阿尔曼博士兴奋地大叫一声：“成了！”

7.能量和能源的亲密关系（认识能源）

玛尔斯星球上，智能探索仪做成了！这是一个长得有点像兔子耳朵，但是又比兔子耳朵略短的仪器，很轻便，体重不足50克，最上面有两个球形的指示灯，一闪一闪。琳达小心翼翼地从博士手里接过仪器，又仔细地将仪器安装在“艾达一号”的头上，然后久久盯着仪器，禁不住热泪盈眶。机器人模糊的双眼中闪闪发亮的指示灯不断放大放大，仿佛是一对希望的火球。

“博士，太感谢你了！我们现在带着艾达一号去地裂点，我们会确认好艾达坠落的方位、角度，然后把艾达一号放下去。”

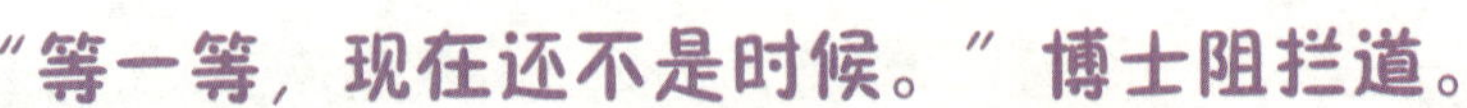

“等一等，现在还不是时候。”博士阻拦道。

扫码听故事

知识点

能量是物质的重要属性，

而能源是提供能量的物质资源。

8. 珍贵的能源（能源的分类）

还要等？琳达忍不住焦灼起来！距离艾达失踪已经过去三个月的时间了，现在好不容易做出了“艾达一号”并且配备了智能探索仪，还不赶紧去寻找艾达，还要等什么呢？

玛尔斯星球上，艾达的父母心急如焚；地球上的阿呆似乎隐隐地想起来什么。这两天叶子妈妈在介绍能量和能源，阿呆隐隐约约觉得哪里不对，耳边总是有“嘟嘟嘟”的声音，脑海中浮现出一片混乱的画面，地裂、坠落，还有安全区。但是阿呆没有把这一切告诉叶子妈妈。虽然叶子妈妈总是旁敲侧击地问他家在哪里，想不想家，但阿呆总是摇头。

扫码听故事

知识点

能源分为不可再生能源
和可再生能源，
比如太阳能、风能、水能等
就是可再生能源。

9.无所不能的大火球（太阳能的利用）

对于阿呆来说，记忆中的家好像是一个熟悉而又陌生的地方，遥远也并不温暖。阿呆好像更喜欢这里，喜欢叶子妈妈天天给他讲科学故事，喜欢这里可以吃热腾腾的汉堡，甚至连小聪聪欺负他，他都是欢喜的。印象中他好像从来没有生活得这么热火朝天，他渐渐爱上了这里。

阳光

叶子妈妈并不知道阿呆的心思，她还在帮阿呆预约新一轮的脑电波检查。这不，今天预约的医生又要上门了。阿呆心里虽然很抗拒穿白大褂的人，但是想到叶子妈妈答应他，乖乖听话可以吃汉堡，他也就不计较了，一副爱咋咋地的样子，任由医生摆布。

水

知识点

植物在太阳光的照射下，
可以进行光合作用，
通过光合作用释放氧气、吸收二氧化碳，
并且把太阳能转变成化学能在体内贮存下来。

二氧化碳

CO_2

氧气

O_2

葡萄糖

“来，阿呆，你躺好，闭上眼睛，放松，想象你是在海边，躺在沙滩上，看着蓝天白云，听着海浪声，非常舒服。”

阿呆顺从地闭上了眼睛，很快就进入了梦乡。

扫码听故事

10. 自然科学的三大发现之一（能量守恒和转化定律）

今天叶子妈妈若有所思，她还在回味昨天医生的话。“医生，怎么样？”刚一检查完，叶子妈妈就着急地问道。医生摇摇头，一副不可思议的样子，“奇怪啊奇怪，他的脑电波已经完全正常了。”

“什么？这怎么可能呢？！我几乎每天都会问他，记不记得自己是谁，家在哪里，为什么会来这里，爸爸妈妈长什么样子，他一律回答我说不记得了呀！”“可是我给他做了加强版脑电波检查，结果显示脑电波已经恢复正常了。”医生说。

“会不会检查结果有误？”叶子妈妈追问道。“可能性很小。”医生一边摇头，一边仔细地翻阅检查结果。沉思良久，医生合上检查报告说：“只有一种可能，潜意识里，他拒绝恢复记忆！”

知识点

“能量守恒和转化定律”

“细胞学说” “进化论”

合称十九世纪自然科学的三大发现。

拒绝恢复？这是为什么呢？

11.科学家焦耳的故事（能量守恒问世啦）

玛尔斯星球上艾达的父母一脸问号地看着博士问道：“为什么还不能开展营救计划？”阿尔曼博士紧缩眉头，缓缓解释道：“艾达失踪那天，天气异常，风力达到十级，这个力量直接会影响艾达坠落的速度，只有确保初始速度完全一致，才能大概率上降落在艾达降落地附近，稍有失误，就会大海捞针。”艾达的父母立刻沉默了，本来以为研制出智能探索仪已经是最后一步，没想到天时、地利、人和，差一者都不行。

知识点

1853年，

焦耳和汤姆逊

共同完成能量守恒和

转化定律的精确表述。

扫码听故事

12. 能量的奇妙旅行（能量守恒的过程）

玛尔斯星球上，艾达的父母正在焦灼地和阿尔曼博士商讨营救方案，现在智能探索仪和“艾达一号”机器人都已经完工，他们多么需要来一次阿呆失踪那天的十级大风啊！

嘟嘟嘟，玛尔斯星球的警报又拉响了，星球又陷入了混乱，艾达的父母和阿尔曼博士只好暂时放弃讨论，随着人流进入安全区。

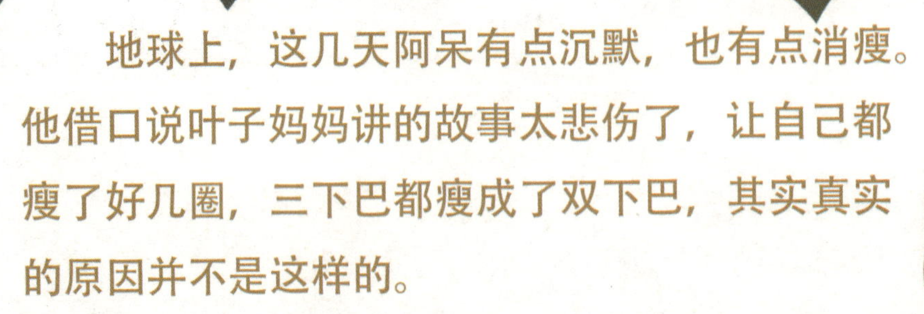

地球上，这几天阿呆有点沉默，也有点消瘦。他借口说叶子妈妈讲的故事太悲伤了，让自己都瘦了好几圈，三下巴都瘦成了双下巴，其实真实的原因并不是这样的。

今天阿呆趁叶子妈妈去关煤气的时候吐露了自己瘦下来的真实原因。

知识点

能量既不会凭空产生，
也不会凭空消失，
只能从一个物体传递给另一个物体，
而且能量的形式也可以互相转换。
这就是能量守恒定律。

扫码听故事

13. 刺激的过山车（动力的来源）

琳达虽然身处安全区，但是满脑子想的都是艾达。她不由自主摸了摸身上的吊坠，里面有艾达的照片。那是一张艾达在洗澡的照片，他光着身子全身胖乎乎的，笑容灿烂，可爱极了。琳达还记得那个时候艾达很顽皮，每次洗好澡把他抱出来，他总像只泥鳅一样，呲溜一下就挣脱了妈妈的怀抱，光着屁股到处乱跑，不想穿尿布。那个时候满屋子都洒满了他咯咯咯的笑声。可是现在，他在哪里呢？生活得开心吗？

此时的阿呆正坐在叶子妈妈家里的小凳子上，嘟嘟囔囔：“过山车这么个吓死人的项目，还包含物理原理啊？哪个科学家想出来的？科学家们真是神奇，洗澡的时候怎么不好好洗澡，非要想什么浮力定律；烧饭的时候怎么不好好做番茄汤，去搞什么青蛙腿实验；还有那个伦琴，有时间不看好他的结婚戒指，跑去研究什么X射线……”

知识点
过山车的动力来源于高度的变化。当过山车从高处下滑时，重力势能转化为动能。爬坡时，动能转化为重力势能。
扫码听故事

14. 神奇的过山车大圆环（动能和势能的相互转化）

安全区里，艾达的爸爸也陷入了对艾达深深的内疚和思念中，这几年忙于工作，一直没有顾上陪伴艾达，就连节日也只是给他邮寄一份礼物而已。现在艾达喜欢的最新款的“黄金三号”智能轮船模型已经上市，但他却不见踪影。

艾达对玩具船很是着迷，家里的“黄金一号”是他的宝贝，整个船身都是由黄金制造的，这是奶奶送给他的三周岁生日礼物。艾达总喜欢想象自己是“黄金一号”的船长，一声令下“黄金一号”便在装满水的脸盆乘风破浪向前进。艾达喜欢把船开得飞快，然后脸盆里的水就会溢出来，弄得地板上湿哒哒的。这个时候奶奶就要来唠叨，艾达会带上隐形耳机，不听奶奶说话，自己沉浸在船长的世界里。

知识点

动能指的是物体由于运动而具有的能量。
重力势能是指物体由于被举高而具有的能量。
物体的质量越大，
被举得越高，
则它的重力势能就越大。

扫码听故事

15. 解密最恐怖的座位（动能最大点）

今天是在安全区里的第四天，但是警报仍然没有解除。不仅如此，一大早警报竟然升级了！嘟嘟嘟，嘟嘟嘟！之前的黄色警报竟然频率加快升级为了红色警报，同时配有全球播音："大家请注意，大家请注意，今天有十级大风，很可能会再次造成地裂，请大家务必待在安全区，不要出去，不要出去！"

十级大风？！地裂？！艾达的父母和阿尔曼博士几乎要欢呼起来，但他们彼此深深地对望了一眼，立刻很有默契地克制住了自己——不能声张，否则肯定无法走出安全区。他们知道这是千载难逢的机会，一定要找机会出去，一定！

知识点

过山车的小车厢，车尾的总体速度要比车头快，失重体验要比车头更强烈，并且过山丘时凌空时间要比车头更长。

扫码听故事

16. 阿呆回家的路越来越近了（热与能复习课）

阿尔曼博士突然奋笔疾书，也不知道在写些什么。他将小纸条塞给琳达，琳达回以感激的眼神。突然琳达大叫起来："哎哟哎哟！""你怎么啦？"艾达爸爸问道。琳达使了个眼色，然后痛苦万分地说，我胃疼，可能是胃病犯了。艾达爸爸立刻心领神会！他大声说道："那怎么办呢药在家里呢？看来必须要回家一趟了！"

"不行不行！"，安全区的保安立刻阻挠，"现在警报还没有解除，更何况还有十级大风，怎么可能出去。"

"哎哟，太疼了！爸爸你还是穿好防风固定服，帮我回家拿一趟吧，我疼得受不了啦！"保安看着琳达痛苦的样子，一时犹豫。趁着他们犹豫，艾达爸爸从琳达手中悄悄接过小纸条，穿上厚厚的防风衣，飞一样地溜走了。只剩下保安在安全区直跺脚。

知识点

热和能包括五个知识点：

热胀冷缩、热传递、能量和能源、能量守恒定律以及动能和势能。

扫码听故事

17. 物理知识大串烧

艾达爸爸没有回家，而是顶着呼啸的风直接来到了阿尔曼博士家，拿走了“艾达一号”机器人以及智能探索仪，然后迅速乘坐高速代步车来到了艾达失踪的地方。他打开阿尔曼博士的小纸条，上面写着操作要领。他按照要求给机器人“艾达一号”戴上了智能探索仪，然后仔细查看了随身携带的从科研所拿到的艾达失踪那天地裂痕迹的照片，比对着同样的位置小心地将机器人放好，然后深吸一口气，缓缓地松手，让机器人借助于风力以及自身重力，滑下地裂深处。

想着依靠智能探索仪马上就可以找到艾达了，爸爸很激动，正泪眼模糊时，突然隐约听到了阿尔曼博士的叫声：“等一等，等一等！”什么等一等？艾达爸爸正发蒙，阿尔曼博士气喘吁吁地出现在眼前。“书包……忘了书包……”什么书包？

知识点

物理知识共分为五个篇章，
力学、声学、光学，
电和磁以及热与能。

阿尔曼博士没有看到“艾达一号”机器人，突然一屁股瘫坐在地上，喃喃自语道：艾达那天还背了书包，这次没有配书包，重力不同，就不可能跌落到相同的地方……”

扫码听故事

结束语

其实这不是结语，因为艾达还没有回到玛尔斯星球，还没有回到自己父母的身边。很久很久以前，当我关注到有关留守儿童的新闻后，我就开始朦朦胧胧构思出“外星人艾达”的形象。是的，在外星球，也许也有一群“留守儿童”，他们被寄养在了爷爷、奶奶或者外公、外婆家里。即便是科技发达的今天，父母因工作繁忙而无法陪伴在孩子身边的矛盾依然存在，“留守儿童”已经不仅仅是社会问题了，也成为了“星球问题”。

孩子是希望、是未来，然而，父母总有这样或者那样客观的原因，不得不留下他们而外出拼搏。而这一矛盾，在我构思的故事里被推到了“生死存亡”的高度。因为过度开采，玛尔斯星球能源不足，需要科研人员（即艾达的妈妈）夜以继日地工作，否则不仅孩子没有未来，整个星球的未来都将不复存在。

我不能说是因为父母的忙碌和疏忽，直接造成了“星球宝宝”的“失足坠落”，我只想借助这套书来表达我小小的困惑，然后带着困惑来探寻答案。

从艾达的角度来讲，他无疑最需要父母的陪伴，求而不得的情况下，他开始贪恋叶子妈妈的陪伴，即便这种陪伴也包括絮絮叨叨地教他最枯燥的知识，间歇性焦虑而急切地想要唤醒他的记忆等，他也贪恋，甚至贪恋到不想回家。所以孩子最终追寻的也许只是温暖的陪伴。

而从父母的角度来讲，艾达的爸爸艾玛以及妈妈琳达，最终必须放下工作，才能全力以赴来寻找艾达，好像大人的世界里永远是非此即彼、不得已的选择。那么生活中能不能不全是“取舍”？能不能有平衡？最终他们又是否能找回失踪的孩子？

就故事本身而言，艾达从玛尔斯星球掉落到地球上，为什么天生能听懂地球人的语言，能听懂中国话也能说中国话呢？

这些谜团都没有揭开，所以，故事还未结束，后面我会带着小朋友们，慢慢找寻到这些问题的答案。让我们共同期待吧！

作者

2021年5月

图书在版编目(CIP)数据

外星人阿呆玩转物理 / 郭康乐编著 . ——武汉：中国地质大学出版社有限责任公司，2020.12

ISBN 978-7-5625-4887-4

（叶子妈妈讲科学故事科普丛书）

I .①外…

II .①郭…

III .①物理学-儿童读物

IV.①04-49

中国版本图书馆CIP数据核字(2020)第196688号

外星人阿呆玩转物理 **郭康乐 编著**

责任编辑：李应争 选题策划：李应争 张琰 责任校对：周旭

出版发行：中国地质大学出版社（武汉市洪山区鲁磨路 388 号） 邮政编码：430074

电话：（027）67883511 传真：（027）67883580 E-mail：cbb@cug.edu.cn

经销：全国新华书店 http://cugp.cug.edu.cn

开本：889 毫米×1194 毫米 1/20 字数：123 千字 印张：10.25

版次：2021年9月第 1 版 印次：2021年9月第 1 次印刷

ISBN 978-7-5625-4887-4 定价：39.80 元

印刷：湖北金港彩印有限公司 如有印装质量问题请与印刷厂联系调换